Dynamics on the Glycolysis Model

糖酵解模型的动力学

魏美华 著

图书在版编目(CIP)数据

糖酵解模型的动力学/魏美华著.—武汉：武汉大学出版社，2019.10
ISBN 978-7-307-21190-2

Ⅰ.糖…　Ⅱ.魏…　Ⅲ.糖原—酵解—数学模型—动力学—研究
Ⅳ.Q591.1

中国版本图书馆 CIP 数据核字(2019)第 213304 号

责任编辑:任仕元　　责任校对:李孟潇　　版式设计:马　佳

出版发行：**武汉大学出版社**　(430072　武昌　珞珈山)
(电子邮箱：cbs22@ whu.edu.cn　网址：www.wdp.whu.edu.cn)
印刷：武汉中科兴业印务有限公司
开本:720×1000　1/16　印张:10.25　字数:153 千字　插页:1
版次:2019 年 10 月第 1 版　2019 年 10 月第 1 次印刷
ISBN 978-7-307-21190-2　定价:30.00 元

前　言

生物化学是研究生物体的化学组成及生命现象的化学变化规律的一门学科. 生物化学反应遵守质量守恒和能量守恒定律，遵循化学动力学规律. 生物化学反应现象与我们的实际生产生活密切相关，例如生产发酵工艺的改良、蚊虫的生物控制、果蔬的贮藏保鲜等. 弄清楚生化反应的动力学性质，可以准确把握催化反应的条件以充分发挥催化剂的催化作用，解释相应领域的某些现象，揭示研究对象的发展规律并预测其发展趋势，在生产和生活过程中具有重要的指导作用，推动着非线性科学的发展. 为了认识生命现象的化学过程，驱使人们去了解这些现象的机理，以数学模型来描述和研究其反应过程成为研究生物化学过程的重要手段，对认识生命现象具有重要意义.

若不考虑浓度、温度和压力等环境参数在空间的分布，一般可以用常微分方程来刻画生化反应的动力学行为. 然而，微观和宏观上反应过程中扩散是客观存在的，例如分子运动、疾病传染、动物身上所特有的漂亮斑点或条纹、材料在拉伸和压缩过程中的复杂变形等. 反应扩散方程是描述扩散现象的数学模型之一，它不仅揭示着反应过程，也刻画了反应物的空间分布. 最早，Lotka 模型刻画了生化动力学系统，预言了反应中的持续振荡；1937 年，Fisher 利用反应扩散方程刻画了扩散现象对突变基因变化频率的影响；1952 年，英国数学家 Turing 将扩散引入种群动力系统和化学反应系统中，指出均匀环境中的稳定解在非均匀环境中失去稳定性，导致图灵斑图的形成. 随后，反应扩散系统越来越受到人们的广泛关注.

糖酵解模型刻画生化领域中典型的糖酵解反应过程，具有明显的实际背景和应用前景，其动力学分歧已成为非线性反应扩散系统领域备受关注的热点问题. 分歧通常分为静态分歧和动态分歧. 1964 年，Higgins 为了刻画糖酵解反应过程的振荡现象提出了第一个糖酵解模型，为糖酵解过程的定性研究做出了开创性的工作. 1968 年，Sel'kov 在磷酸果糖激酶的生化反应中提出了第二个糖酵解模型，预言了时间振荡的存在性. 1975 年，Tyson 和 Kauffmanz 在描述单个变形体的反应后期低浓度情况下提出了低浓度糖酵解模型. 考虑到空间扩散，前两个模型的研究结果已经非常丰富. 近年来，我们一直从事糖酵解模型的研究，对糖酵解模型的反应原理有深刻的认识，积累了丰富的研究经验和资料，对本模型的相关动力学问题及解决方案已进行了深入的思考，并取得了一些成果，积累了一定的理论和方法，现将低浓度糖酵解模型的主要研究成果整理为本书. 以供相关领域的科研人员参考，也供相关领域的研究生参考学习.

本书简述了糖酵解模型的主要研究成果，其具体内容包括以下几个方面：第 1 章　简要介绍糖酵解模型的生化背景，简述模型建立的机制和过程，阐述糖酵解模型的主要研究成果. 第 2 章　介绍 n 维带有 Neumann 边界条件的糖酵解模型的研究成果，讨论该模型的常数平衡解的稳定性和非常数正平衡解的不存在性和存在性，并阐述该模型空间模式的形成. 第 3 章　研究一维空间下糖酵解模型的静态分歧——图灵分歧，给出单重分歧和双重分歧形成的平衡解的局部结构和全局结构，讨论分歧解的稳定性，数值模拟阐明平衡解的结构. 第 4 章　分析 Neumann 边界条件下一维糖酵解模型的动态分歧——Hopf 分歧，给出糖酵解模型常微分系统的周期解和偏微分系统的空间齐次周期解的存在性和稳定性以及 Hopf 分歧的方向. 第 5 章　阐述 Neumann 边界条件下一维糖酵解模型的两类有限差分格式——显格式和 Crank-Nicolson 隐格式，并讨论这些格式的一致性、线性稳定性和线性收敛性. 第 6 章　在固定边界条件下探讨一维糖酵解模型的常数平衡解和非常数平衡解的存在性和稳定性，刻画模型参数对模型平衡解的影响，数值刻画单重分歧和双重分歧的非常数平衡解的结构. 第7章　附录列出本书涉及的一些记号和基本理论方法.

本书由魏美华撰写，在撰写过程中得到了许多同志的关心和帮助，博士刘小龙对书稿的形成给出了框架性建议和基础的计算推导，其和学生李小盼、张明丽和侯万丽做了大量的录入和校对工作，在此表示衷心的感谢. 本书的出版得到了国家自然科学基金项目（No.11501496）、陕西省自然科学基础研究计划项目（No.2014JQ-1003）和榆林学院高层次人才科研启动基金项目（No.13GK04）的支持，在此一并表示感谢.

由于研究兴趣所限，本书仅介绍了几类糖酵解模型的主要研究成果，在此对文中所引参考文献的作者深表谢意，也对在这一领域未能介绍到的成果的作者深表歉意. 由于作者水平所限，书中难免有疏漏和错误，敬请读者批评指正.

作　者

2019年8月

目　录

第1章 糖酵解模型的建立和研究进展

生物化学动力学研究生命体内各种蛋白质的化学反应的速率和反应机理，所研究的问题是生命科学的基本问题之一，具备生命科学的基本特性:有序性和非线性. 随着生物技术尤其是基因组学和蛋白质组学的发展，生化反应工程有了一定的基础，它描述着生物体的性质及其形态学、出生、生长、繁殖、衰老和死亡等过程. 从微观角度看，生物的绝大多数活动和过程，如能量的获得、生长与发育以及新陈代谢等，无不与形形色色的生化反应相联系. 而生化反应是一种以生物酶为催化剂的化学反应，例如微生物的发酵过程、废水的生化处理等. 在生化反应动力学的研究中，如何建立模型和如何利用模型来分析动力学性质等内容显得格外重要.

最早，科学界绝大多数人认为平衡态是一种通常而普遍的情况. 事实上，自然界的一切并非总是趋于平衡和无序，生命现象越来越复杂，然而越来越有序. 例如，生化反应中反应物浓度是周期性变化的，动物体表的花纹、生命群体数量的周期性变化，等等. 而经典的化学理论不能解释这些有序结构，特别是 Belousov-Zhabotinsky 反应的复杂现象更让人难以理解. 正是生化反应中经常出现的非线性现象(例如化学振荡和化学波)促进了非线性科学的发展，它已成为跨学科的研究前沿，揭示着各种非线性现象的共性，几乎涉及自然科学和社会科学的各个领域. 为了搞清其产生机制和演变规律，了解生化反应中的相互作用规律，一个重要的研究方法，就是通过建立相应的生化反应模型，例如反应扩散模型，通过模型的定性研究来了解相应反应过程的非线性现象. 反应扩散模型的数学理论具体总结在 Smoller 教授的专著[1]和叶其孝、李正元教授的专著[2]中，这些数学理论为反应扩散模型的研究奠定了基础，而且数学的介入把生化反应的研究从定性的、描述性研究提高到定量的、精确的、探索性研究.

本章简要介绍糖酵解模型的生化背景，简述模型建立的过程，并阐述部分糖酵解模型的研究现状.

1.1　糖酵解模型的建立

微观上，几乎所有的生化反应都是在各种生物催化剂——酶的作用下进行的. 而糖酵解过程是指细胞在细胞质中分解葡萄糖生成丙酮酸的过程，是在多种酶作用下进行的生化反应，此过程中伴有少量能量的产生但不需要氧气. 其生理意义在于它是糖代谢供能的补充途径，在无氧和缺氧条件下，它能为机体快速提供能量，对维持生命起着关键的作用. 例如，在骨骼肌剧烈运动时的缺氧，在从平原进入高原初期的缺氧，在大量失血、呼吸障碍及心血管疾患等所致的缺氧等情况下，机体必须通过糖酵解过程获得能量，参见文献[3]，[4]. 但是，另一方面，它是肿瘤细胞获取能量的主要途径. 众所周知，正常细胞生长增殖所需能量主要通过糖的有氧分解获得，而医学上研究发现肿瘤细胞即使在有氧的情况下也主要是靠糖酵解途径来获取能量，这一特殊生化特性被称为 Warburg 效应. 近年来，临床上已利用 Warburg 效应来诊断恶性肿瘤，探索通过特异性阻断糖酵解途径抑制癌细胞所需能量的生成进而治疗恶性肿瘤，参见文献[5]～[7]. 然而，糖酵解反应与细胞内或生化反应器中物质扩散的耦合会导致糖酵解反应过程中时空结构的形成，这种时空结构对细胞骨架的形成、新陈代谢的调控以及糖酵解生化反应的进行都有着非常重要的意义.

糖酵解模型最初是为了研究糖酵解过程的振荡现象而被提出的.

1964 年，Higgins[8] 提出了第一个糖酵解模型(即 Higgins 模型)，以此来解释酵母糖酵解系统中的持续振荡，为糖酵解过程的定性研究做出了开创性的工作. 该模型的反应过程[9]~[12] 为：

$$A \xrightarrow{k_1} X,$$

$$Y + X \xrightarrow{k_2} 2Y,$$

$$Y \xrightarrow{S(k_3,k_4)} P.$$

这里，A，X，Y 和 P 是化学反应物和产物，k_1，k_2，k_3 和 k_4 表示反应速率，$S(k_3,k_4)$ 刻画反应过程的饱和定律，例如多相催化和吸附中的 Langmuir-Hinshelwood 反应速率、酶控制过程中的 Michaelis-Menten 反应速率和生态学中的 Holling 功能函数反应定律. 假设反应过程的三个步骤都是不可逆的，A 和 P 的浓度与时间和空间变量无关，也就是说，这两种化学物种的浓度在整个反应过程中保持均匀. 不考虑对流现象，只考虑等温过程，带扩散的上述反应过程可以用非线性偏微分方程描述如下：

$$\begin{aligned}
\frac{\partial \widetilde{X}}{\partial \tilde{t}} &= \widetilde{D}_{\widetilde{X}} \Delta \widetilde{X} + k_1 \widetilde{A} - k_2 \widetilde{X}\widetilde{Y}, \\
\frac{\partial \widetilde{Y}}{\partial \tilde{t}} &= \widetilde{D}_{\widetilde{Y}} \Delta \widetilde{Y} + k_2 \widetilde{X}\widetilde{Y} - \frac{k_3 \widetilde{Y}}{1 + k_4 \widetilde{Y}},
\end{aligned} \tag{1.1.1}$$

其中，$\Delta = \sum_{i=1}^{n} \frac{\partial^2}{\partial x_i^2}$，是拉普拉斯算子，刻画反应过程对空间的依赖性；$\widetilde{A}$，$\widetilde{X}$ 和 $\widetilde{Y}$ 分别表示反应物 A，X 和 Y 的浓度；$\widetilde{D}_{\widetilde{X}}$ 和 $\widetilde{D}_{\widetilde{Y}}$ 分别表示反应物 X 和 Y 的扩散系数.

定义

$$u = \frac{k_2}{k_3}\widetilde{X},\ v = \frac{k_3 \widetilde{Y}}{k_1 \widetilde{A}},\ t = k_3 \tilde{t},\ \lambda = \frac{k_1 k_2}{k_3}\widetilde{A},\ k = \frac{k_3 k_4}{k_2},$$

$$d_1 = \frac{\widetilde{D}_{\widetilde{X}}}{k_3},\ d_2 = \frac{\widetilde{D}_{\widetilde{Y}}}{k_3},$$

通过无量纲变换，方程(1.1.1)可化为

$$\frac{\partial u}{\partial t}=d_1\Delta u+1-uv,$$

$$\frac{\partial v}{\partial t}=d_2\Delta v+\lambda uv-\frac{v}{1+kv}.$$

第二个糖酵解模型是 1968 年 Sel'kov[13] 基于磷酸果糖激酶的自催化性的生化反应提出的(即 Sel'kov 模型)，预言了时间振荡的存在. 磷酸果糖激酶反应通常被认为是糖酵解过程中自振荡的一个可能来源，该反应代表一种底物抑制和产物激活的酶反应的简单动力学，酶被底物抑制，被产物激活. 其反应过程为：

$$\xrightarrow{v_1} X+S \underset{k-1}{\overset{k+1}{\rightleftharpoons}} T,$$

$$T\xrightarrow{k_{+2}} S+Y\xrightarrow{v_2},$$

$$pY+E \underset{k_{-3}}{\overset{k_{+3}}{\rightleftharpoons}} S.$$

该反应过程可描述为下列方程：

$$\begin{aligned}
&\frac{\mathrm{d}\widetilde{X}}{\mathrm{d}\tilde{t}}=v_1-k_{+1}\widetilde{X}\widetilde{S}+k_{-1}\widetilde{T},\\
&\frac{\mathrm{d}\widetilde{Y}}{\mathrm{d}\tilde{t}}=k_{+2}\widetilde{T}-k_{+3}\widetilde{Y}^p\widetilde{E}+k_{-3}\widetilde{S}-k_2\widetilde{Y},\\
&\frac{\mathrm{d}\widetilde{S}}{\mathrm{d}\tilde{t}}=-k_{+1}\widetilde{X}\widetilde{S}+(k_{-1}+k_{+2})\widetilde{T}+k_{+3}\widetilde{Y}^p\widetilde{E}-k_{-3}\widetilde{S},\qquad (1.1.2)\\
&\frac{\mathrm{d}\widetilde{T}}{\mathrm{d}\tilde{t}}=k_{+1}\widetilde{X}\widetilde{S}-(k_{-1}+k_{+2})\widetilde{T},\\
&\frac{\mathrm{d}\widetilde{E}}{\mathrm{d}\tilde{t}}=-k_{+3}\widetilde{Y}^p\widetilde{E}+k_{-3}\widetilde{S}.
\end{aligned}$$

这里，$\widetilde{X}$，$\widetilde{Y}$，$\widetilde{S}$，$\widetilde{T}$ 和 $\widetilde{E}$ 分别表示化学物种 X，Y，S，T 和酶 E 的浓度，其满足条件

$$v_2=k_2\widetilde{Y},$$

$$p > 1,$$

$$\frac{k_{+1}}{\widetilde{X}},\ k_{-1},\ k_{+2},\ \frac{k_{+3}}{\widetilde{Y}^p},\ k_{-3} \gg 1,$$

$$\frac{\widetilde{X}}{\widetilde{E}_0},\ \frac{\widetilde{Y}}{\widetilde{E}_0} \gg 1,$$

$$\widetilde{E}_0 = \widetilde{E} + \widetilde{S} + \widetilde{T}.$$

考虑到上述条件，方程(1.1.2)可化为

$$\begin{aligned} \frac{\mathrm{d}\widetilde{X}_1}{\mathrm{d}t_1} &= \upsilon_1 - \frac{\widetilde{X}_1 \widetilde{Y}_1^p}{1+\widetilde{Y}_1^p(1+\widetilde{X}_1)}, \\ \frac{\mathrm{d}\widetilde{Y}_1}{\mathrm{d}t_1} &= \rho_1\left[\frac{\widetilde{X}_1 \widetilde{Y}_1^p}{1+\widetilde{Y}_1^p(1+\widetilde{X}_1)} - \eta_1 \widetilde{Y}_1\right], \end{aligned} \tag{1.1.3}$$

其中，

$$\widetilde{X}_1 = \frac{k_{+1}\widetilde{X}}{k_{-1}+k_{+2}},\quad \widetilde{Y}_1 = \left(\frac{k_{+3}}{k_{-3}}\right)^{\frac{1}{p}} \widetilde{Y},\quad \upsilon_1 = \frac{v_1}{k_{+2}\widetilde{E}_0},$$

$$\rho_1 = \frac{k_{-1}+k_{+2}}{k_{+1}}\left(\frac{k_{+3}}{k_{-3}}\right)^{\frac{1}{p}},\quad \eta_1 = \frac{k_2}{k_{+2}\widetilde{E}_0}\left(\frac{k_{-3}}{k_{+3}}\right)^{\frac{1}{p}},\quad t_1 = \frac{k_{+1}k_{+2}\widetilde{E}_0}{k_{-1}+k_{+2}}\tilde{t}.$$

这里，$\widetilde{X}_1$,$\widetilde{Y}_1$ 分别为底物和产物的相对浓度，υ_1 为相对速率，ρ_1 刻画酶-产物相对亲和势，t_1 为无量纲时间. 令 $u = \upsilon_1^{p-1}\eta_1^{-p}\widetilde{X}_1$，$v = \upsilon_1^{-1}\eta_1\widetilde{Y}_1$，$\rho = \rho_1\upsilon_1^{-p}\eta_1^{p+1}$，$t = \upsilon_1^p\eta_1^{-p}t_1$，考虑到空间扩散，方程(1.1.3)可简化为

$$\begin{aligned} \frac{\partial u}{\partial t} &= d_1\Delta u + 1 - uv^p, \\ \frac{\partial v}{\partial t} &= d_2\Delta v + \rho(uv^p - v). \end{aligned}$$

糖酵解过程的另一个模型是基于糖酵解反应后期低浓度情况下提出的(即低浓度糖酵解模型). 其反应过程[14]为

$$A \xrightarrow{k_1} X,$$

$$B + X \xrightarrow{k_2} Y,$$

$$2Y + X \xrightarrow{k_3} 3Y,$$

$$Y \xrightarrow{k_4} P.$$

Tyson 和 Kauffman 以此描述单个变形体中 X（一种稳定的蛋白质）与 Y（该蛋白质的活性形态）的反应过程. 在这个反应过程中，假设在第一步骤中一个稳定的蛋白质 X 是以一个常数速率 k_1 输入的；在第二步骤中它以速率 k_2 转化为活性形态 Y；在第三步骤中 Y 结合 X 通过一系列酶作用催化自身，其反应速率与 XY^2 成正比，其速率常数为 k_3；在第四步骤中假设 Y 是不稳定的，并通过一阶动力学衰减，其速率常数为 k_4. 假设反应是等温的，物种 A 的数量是充足的. 其速率方程为

$$\begin{aligned} \frac{\partial \widetilde{X}}{\partial \tilde{t}} &= \widetilde{D}_{\tilde{X}} \Delta \widetilde{X} + k_1 \widetilde{A} - k_2 \widetilde{B} \widetilde{X} - k_3 \widetilde{X} \widetilde{Y}^2, \\ \frac{\partial \widetilde{Y}}{\partial \tilde{t}} &= \widetilde{D}_{\tilde{Y}} \Delta \widetilde{Y} + k_2 \widetilde{B} \widetilde{X} + k_3 \widetilde{X} \widetilde{Y}^2 - k_4 \widetilde{Y}, \end{aligned} \tag{1.1.4}$$

其中，$\widetilde{A}$，$\widetilde{B}$，$\widetilde{X}$ 和 $\widetilde{Y}$ 分别表示化学物种 A，B，X 和 Y 的浓度，$\widetilde{D}_{\tilde{X}}$ 和 $\widetilde{D}_{\tilde{Y}}$ 分别表示反应物 X 和 Y 的扩散系数.

定义

$$u = \sqrt{\frac{k_3}{k_4}} \widetilde{X}, \quad v = \sqrt{\frac{k_3}{k_4}} \widetilde{Y}, \quad t = k_4 \tilde{t}, \quad \delta = \sqrt{\frac{k_1^2 k_3}{k_4^3}} \widetilde{A}, \quad k = \frac{k_2}{k_4} \widetilde{B},$$

$$d_1 = \frac{\widetilde{D}_{\tilde{X}}}{k_4}, \quad d_2 = \frac{\widetilde{D}_{\tilde{Y}}}{k_4},$$

方程(1.1.4)可化为

$$\frac{\partial u}{\partial t} = d_1 \Delta u + \delta - ku - uv^2,$$

$$\frac{\partial v}{\partial t} = d_2 \Delta v + ku - v + uv^2.$$

从上述的反应过程中发现糖酵解反应是典型的自催化反应，而几乎所有的生化反应都涉及自催化反应. 自催化反应是指反应产物本身具有催化作、加速反应速率的反应过程，例如发酵过程就是一类典型的自催

化反应过程. 自催化反应广泛应用于生化反应和化学反应中，自催化模型的相关研究参见文献[15]～[55].

1.2　糖酵解模型的研究进展

糖酵解模型有着明显的实际背景和应用前景，例如冷云系中冰晶的形成等. 然而，由于反应系统中的物质通过扩散进行传输，并且扩散也是其中唯一的一种空间耦合机制，所有糖酵解过程反应物的浓度不仅和时间有关，而且也和空间分布有关，因此，考虑到反应物空间分布的不均匀性才更加符合客观实际，相应的糖酵解模型不是常微分方程组，而是反应扩散方程组.

关于 Higgins 模型，文献[56]在一维空间和固定边界条件下运用渐近展开法分析了时间周期解和非常数正平衡解的存在性. Ruan[57] 在高维空间下结合度理论和单重分歧理论研究了平衡解的存在性和稳定性以及解的渐近行为. Du[58] 在文献[56],[57]的基础上利用正解的先验估计和摄动理论刻画了反应率对平衡解的多重性和稳定性的影响. 文献[59]进一步利用不动点指标理论以扩散率为着手点讨论了非常数正平衡解的存在性和不存在性. 文献[60]又运用 Hopf 分歧理论和单重分歧理论分别研究了齐次 Neumann 边界条件下空间非齐次周期解的存在性与稳定性和非常数正平衡解的存在性.

关于 Sel'kov 模型，文献[61]在一维空间下利用数值方法验证了非常数正平衡解的存在性. 文献[62]在三维空间下给出了正解的上界，并运用单重分歧理论证明了非常数正平衡解的存在性. 文献[63]又给出了更精确的正解上下界估计，并采用局部和全局单重分歧理论得到非常数正平衡解的不存在性和全局存在性. Lieberman[64] 进一步运用最大值原理和 Harnack 不等式对于任意空间维数给出了更一般的正解先验估计，将文献[62],[63]的结论得以推广. 在此基础上，Peng[65] 利用不动点指标理论刻画了模型主要参数对非常数正平衡解的存在性和不存在性的影响. 而文献[66]利用 Hopf 分歧理论分析了齐次 Neumann 边界条件下空间非齐次周期解的存在性以及周期解的分歧方向和稳定性.

关于低浓度糖酵解模型，早期工作[67]~[70]在不考虑扩散情况下对时间周期解进行了研究，说明了糖酵解反应后期低浓度情况下会呈现时间有序结构. 考虑到反应物空间分布的不均匀性，文献[71],[72]从反应扩散方程角度分析了常数平衡解的存在性.

1.3　评　　注

本章简要介绍了几类糖酵解模型的生化背景，以及糖酵解模型的建立过程和研究进展. 这部分工作主要摘自文献[8]～[14]，[56]～[72]及其相关参考文献和专著. 糖酵解模型作为经典的自催化模型广泛应用于许多领域. 糖酵解过程中形形色色的反应涉及生物化学的几乎所有的反应类型和功能基团，这将相应于不同的糖酵解模型. 由于研究兴趣和研究资料所限，本章仅介绍三类糖酵解模型的部分研究成果，对于糖酵解模型的有些研究工作未能介绍到，在此深表歉意. 本书着重介绍低浓度糖酵解模型的研究成果.

第 2 章　n 维 Neumann 边界条件的糖酵解模型的平衡解

反应扩散模型理论是非线性科学理论中非常活跃的研究课题之一，其广泛应用于许多领域，如流行病、生态学、生物化学、核反应等. 而生物化学领域中具有代表性的一种模型为糖酵解模型. 糖酵解是多种酶所催化的一系列生化反应，它是一切有机体细胞代谢的共同途径.

空间模式生成一直是备受关注的热点问题[73],[74]. 1952 年，著名的英国数学家 Turing(图灵)[75]通过生物学领域的一个反应扩散系统解释了生物体表面的图纹形成，说明了扩散可能将稳定的平衡解变成不稳定，并导致非齐次空间模式的形成，通常称该不稳定性为图灵不稳定性. 随后，大量的研究致力于研究化学和生物环境下的图灵不稳定性. 在图灵的论文发表大约 40 年后，他的预测被化学实验所证实[76]. 扩散驱动不稳定性作为一种模式形成机制，通过建立数学模型[77]并运用相关理论来定性研究空间模式成为一种重要的手段. 目前，通过模型研究图灵不稳定性已被广泛应用于各种具体问题的研究[78]~[90].

本章的结构如下：2.1 节给出糖酵解模型正解的先验估计；2.2 节运用特征值理论分析糖酵解模型常数平衡解的稳定性；2.3 节在常数平衡解图灵不稳定的基础上，利用度理论方法和解的先验估计进一步分析糖酵解模型非常数正解的不存在性和存在性；2.4 节运用分歧理论和 Leray-Schauder 度理论研究非常数平衡解的局部结构和全局存在性；2.5 节运用数值模拟对所得的理论结果给予解释和验证.

2.1　解的先验估计

带有 Neumann 边界条件的低浓度糖酵解模型形式如下：

$$\begin{cases}\dfrac{\partial u}{\partial t}=d_1\Delta u+\delta-ku-uv^2, & x\in\Omega,\ t>0,\\ \dfrac{\partial v}{\partial t}=d_2\Delta v+ku-v+uv^2, & x\in\Omega,\ t>0,\\ \partial_\nu u=\partial_\nu v=0, & x\in\partial\Omega,\ t>0,\\ u(x,0)=u_0(x)\geqslant 0,\ v(x,0)=v_0(x)\geqslant 0, & x\in\Omega,\end{cases} \tag{2.1.1}$$

其中，Ω 是 $\mathbb{R}^n\ (n\geqslant 1)$ 中具有光滑边界 $\partial\Omega$ 的有界区域，u,v 分别代表两种化学物种的浓度，δ 表示输入量，k 表示在酶的低活性状态下的速率常数，d_1,d_2 为扩散系数，ν 是单位外法线向量. 假定所有的常数 δ,k，d_1,d_2 都是正的，而且 $0<k<\dfrac{1}{8}$ 和 $k<\delta^2$.

方程(2.1.1)相应的椭圆型方程为：

$$\begin{cases}d_1\Delta u+\delta-ku-uv^2=0, & x\in\Omega,\\ d_2\Delta v+ku-v+uv^2=0, & x\in\Omega,\\ \partial_\nu u=\partial_\nu v=0, & x\in\partial\Omega.\end{cases} \tag{2.1.2}$$

从而方程(2.1.1)正平衡解的讨论转化为方程(2.1.2)正解的讨论.

为了讨论方程(2.1.2)非常数正解的不存在性和存在性，先给出解的先验估计. 记 $c=\dfrac{d_1}{d_2k}+1$.

引理 2.1.1[91]　假设 $g\in C(\overline{\Omega}\times R)$.

(i)若 $w\in C^2(\Omega)\cap C^1(\overline{\Omega})$ 满足 $\Delta w+g(x,w(x))\geqslant 0$，$x\in\Omega$，$\partial_\nu w\leqslant 0$，$x\in\partial\Omega$ 且 $w(x_0)=\max\limits_{x\in\overline{\Omega}}w(x)$，则 $g(x_0,w(x_0))\geqslant 0$.

(ii)若 $w\in C^2(\Omega)\cap C^1(\overline{\Omega})$ 满足 $\Delta w+g(x,w(x))\leqslant 0$，$x\in\Omega$，

$\partial_\nu w \geqslant 0,\ x \in \partial\Omega$ 且 $w(x_0)=\min\limits_{x\in\bar{\Omega}} w(x)$，则 $g(x_0,w(x_0)) \leqslant 0$.

定理 2.1.1 设 (u,v) 是方程(2.1.2)的一个正解，则

$$\frac{\delta}{k+c^2\delta^2}<u<\frac{\delta}{k},\ \frac{k\delta}{k+c^2\delta^2}<v<c\delta,\ x\in\bar{\Omega}.$$

证明 设 $u(x_0)=\max\limits_{x\in\bar{\Omega}} u(x)$，由引理 2.1.1(i)得 $u(x_0)<\dfrac{\delta}{k}$. 令 $w(x)=d_1u(x)+d_2v(x)$，则

$$\Delta w+\delta-v=0,\quad x\in\Omega,\quad \partial_\nu w=0,\quad x\in\partial\Omega. \tag{2.1.3}$$

设 $w(x_1)=\max\limits_{x\in\bar{\Omega}} w(x)$，再由引理 2.1.1(i)得 $v(x_1)\leqslant\delta$. 从而

$$d_2v(x)<w(x_1)=d_1u(x_1)+d_2v(x_1)<d_1\frac{\delta}{k}+d_2\delta.$$

进而可得 $v(x)<\left(\dfrac{d_1}{d_2k}+1\right)\delta=c\delta$. 同理，由引理 2.1.1(ii)依次可得

$$u(x)>\frac{\delta}{k+c^2\delta^2},\ v(x)>\frac{k\delta}{k+c^2\delta^2}.$$

得证. □

令 $\phi=u-\bar{u},\psi=v-\bar{v}$，其中，$\bar{u}=\dfrac{1}{|\Omega|}\displaystyle\int_\Omega u\,\mathrm{d}x$，$\bar{v}=\dfrac{1}{|\Omega|}\displaystyle\int_\Omega v\,\mathrm{d}x$.

引理 2.1.2 $\bar{v}=\delta$.

证明 令 $w(x)=d_1u(x)+d_2v(x)$，由方程(2.1.3)及格林公式得

$$\int_\Omega(v-\delta)\,\mathrm{d}x=\int_\Omega\Delta w\,\mathrm{d}x=\int_{\partial\Omega}\partial_\nu w\,\mathrm{d}s=0,$$

所以 $\bar{v}=\delta$. □

引理 2.1.3 设 (u,v) 是方程(2.1.2)的非常数正解，则

$$\int_\Omega\nabla\varphi\cdot\nabla\psi\,\mathrm{d}x=-\frac{1}{d_1}\left(\int_\Omega\psi^2\,\mathrm{d}x+d_2\int_\Omega|\nabla\psi|^2\,\mathrm{d}x\right).$$

证明 方程(2.1.3)两边同乘以 ψ，并在 Ω 上积分得

$$\begin{aligned}\int_\Omega\psi^2\,\mathrm{d}x&=\int_\Omega\psi(v-\delta)\,\mathrm{d}x=\int_\Omega\psi\Delta w\,\mathrm{d}x=-\int_\Omega\nabla w\cdot\nabla\psi\,\mathrm{d}x\\&=-d_1\int_\Omega\nabla\phi\cdot\nabla\psi\,\mathrm{d}x-d_2\int_\Omega|\nabla\psi|^2\,\mathrm{d}x.\end{aligned}$$

从而引理得证. □

引理 2.1.4　设 (u,v) 是方程(2.1.2)的非常数正解，则

$$d_1^2\int_\Omega |\nabla(u-\bar{u})|^2\mathrm{d}x > d_2^2\int_\Omega |\nabla(v-\bar{v})|^2\mathrm{d}x.$$

证明　由引理 2.1.3 得

$$\begin{aligned}\int_\Omega |\nabla w|^2\mathrm{d}x &= d_1^2\int_\Omega |\nabla\phi|^2\mathrm{d}x + 2d_1d_2\int_\Omega \nabla\phi\cdot\nabla\psi\mathrm{d}x + d_2^2\int_\Omega |\nabla\psi|^2\mathrm{d}x \\ &= d_1^2\int_\Omega |\nabla\phi|^2\mathrm{d}x - 2d_2\int_\Omega \psi^2\mathrm{d}x - d_2^2\int_\Omega |\nabla\psi|^2\mathrm{d}x,\end{aligned}$$

从而

$$\begin{aligned}d_1^2\int_\Omega |\nabla(u-\bar{u})|^2\mathrm{d}x &\geqslant 2d_2\int_\Omega (v-\bar{v})^2\mathrm{d}x + d_2^2\int_\Omega |\nabla(v-\bar{v})|^2\mathrm{d}x \\ &> d_2^2\int_\Omega |\nabla(v-\bar{v})|^2\mathrm{d}x.\end{aligned}$$

得证. □

2.2　常数平衡解的稳定性

本节主要讨论糖酵解模型常数平衡解的图灵不稳定性，因此需要分别分析糖酵解模型的常微分系统和偏微分系统下常数平衡解的稳定性.

令 $f(u,v)=\delta-ku-uv^2$，$g(u,v)=ku-v+uv^2$，则方程(2.1.1)可改写为

$$\begin{cases}\dfrac{\partial u}{\partial t}=d_1\Delta u+f(u,v), & x\in\Omega, t>0,\\ \dfrac{\partial v}{\partial t}=d_2\Delta v+g(u,v), & x\in\Omega, t>0,\\ \partial_\nu u=\partial_\nu v=0, & x\in\partial\Omega, t>0.\end{cases} \tag{2.2.1}$$

方程(2.2.1)相应的常微分系统为

$$\frac{\mathrm{d}u}{\mathrm{d}t}=f(u,v),\ \frac{\mathrm{d}v}{\mathrm{d}t}=g(u,v). \tag{2.2.2}$$

显然，$(u^*,v^*)=\left(\dfrac{\delta}{k+\delta^2},\delta\right)$ 是方程(2.2.1)和方程(2.2.2)的唯一常

数解.

方程(2.2.2)相应于 (u^*, v^*) 的雅可比矩阵为

$$\boldsymbol{J}=\begin{pmatrix} f_0 & f_1 \\ g_0 & g_1 \end{pmatrix},$$

其中,

$$f_0=-k-\delta^2<0, \quad f_1=-\frac{2\delta^2}{k+\delta^2}<0,$$

$$g_0=k+\delta^2>0, \quad g_1=\frac{\delta^2-k}{k+\delta^2}<1.$$

则有

$$\det\boldsymbol{J}=f_0g_1-f_1g_0=k+\delta^2>0,$$

$$\mathrm{tr}\boldsymbol{J}=f_0+g_1=\frac{\delta^2-k}{\delta^2+k}-k-\delta^2.$$

所以,若

$$\text{(C)} \quad \delta^2\in\left(k,\frac{1-2k-\sqrt{1-8k}}{2}\right)\cup\left(\frac{1-2k+\sqrt{1-8k}}{2},\infty\right)$$

成立,则 $\mathrm{tr}\boldsymbol{J}<0$. 从而方程(2.2.2)的常数解 (u^*, v^*) 是稳定的.

设 $0=\lambda_0<\lambda_1<\lambda_2<\cdots$ 是 $-\Delta$ 在齐次 Neumann 边界条件下的特征值, $m_i\geqslant 1$ 是 λ_i 的代数重数, $\{\phi_{ij}, 1\leqslant j\leqslant m_i\}$ 是 λ_i 的正规化的特征函数.

定理 2.2.1 假设条件(C)成立. 令

$$d_1^{(i)}=\frac{g_0(1+d_2\lambda_i)}{\lambda_i(g_1-d_2\lambda_i)}.$$

若 $\lambda_1\geqslant\dfrac{g_1}{d_2}$ 或 $\lambda_r<\dfrac{g_1}{d_2}\leqslant\lambda_{r+1}$ 且 $0<d_1\leqslant\min\limits_{1\leqslant i\leqslant r}d_1^{(i)}$, 则方程(2.2.1)的常数平衡解 (u^*, v^*) 是局部渐近稳定的. 若 $\lambda_r<\dfrac{g_1}{d_2}\leqslant\lambda_{r+1}$ 且 $d_1>\min\limits_{1\leqslant i\leqslant r}d_1^{(i)}$, 则常数平衡解 (u^*, v^*) 是不稳定的.

证明 方程(2.2.1)相应于 (u^*, v^*) 的线性化算子为

$$\boldsymbol{L}=\begin{pmatrix} d_1\Delta+f_0 & f_1 \\ g_0 & d_2\Delta+g_1 \end{pmatrix}.$$

设 μ 是 $\boldsymbol{L}$ 的特征值，相应的特征函数为 $(\phi(x),\psi(x))$，则有

$$d_1\Delta\phi+(f_0-\mu)\phi+f_1\psi=0,\quad d_2\Delta\psi+g_0\phi+(g_1-\mu)\psi=0.$$

令

$$\phi=\sum_{0\leqslant i\leqslant\infty,1\leqslant j\leqslant m_i} a_{ij}\phi_{ij},\ \psi=\sum_{0\leqslant i\leqslant\infty,1\leqslant j\leqslant m_i} b_{ij}\phi_{ij},$$

进而可得

$$\sum_{0\leqslant i\leqslant\infty,1\leqslant j\leqslant m_i}\begin{pmatrix} f_0-d_1\lambda_i-\mu & f_1 \\ g_0 & g_1-d_2\lambda_i-\mu \end{pmatrix}\begin{pmatrix} a_{ij} \\ b_{ij} \end{pmatrix}\phi_{ij}=0.$$

所以，μ 是 $\boldsymbol{L}$ 的特征值等价于对于某些 i，有

$$\mu^2+P_i\mu+Q_i=0,$$

其中，

$$\begin{aligned} P_i&=-(f_0-d_1\lambda_i+g_1-d_2\lambda_i)=(d_1+d_2)\lambda_i-(f_0+g_1), \\ Q_i&=-d_1\lambda_i(g_1-d_2\lambda_i)+f_0g_1-f_1g_0-d_2f_0\lambda_i \\ &=-d_1\lambda_i(g_1-d_2\lambda_i)+g_0(1+d_2\lambda_i). \end{aligned}\tag{2.2.3}$$

从而 $\boldsymbol{L}$ 的所有特征值等价于所有 $i\geqslant 0$，$\mu^2+P_i\mu+Q_i=0$ 对应的根. 由条件 (C) 及 $\lambda_0=0$ 可得 $P_i>0$，$i\geqslant 0$，$Q_0>0$.

当 $\lambda_1\geqslant\dfrac{g_1}{d_2}$ 时，由式(2.2.3)得 $Q_i>0$，$i\geqslant 1$，所以 (u^*,v^*) 是局部渐近稳定的.

当 $\lambda_r<\dfrac{g_1}{d_2}$，$0<d_1<\min\limits_{1\leqslant i\leqslant r}d_1^{(i)}$ 时，由

$$Q_i=\lambda_i(g_1-d_2\lambda_i)\left(-d_1+\frac{g_0(1+d_2\lambda_i)}{\lambda_i(g_1-d_2\lambda_i)}\right)\tag{2.2.4}$$

得 $Q_i>0$，$1\leqslant i\leqslant r$. 当 $\dfrac{g_1}{d_2}\leqslant\lambda_{r+1}$ 时，由式(2.2.3)得 $Q_i>0$，$i\geqslant r+1$，所以 (u^*,v^*) 是局部渐近稳定的.

当 $\lambda_r<\dfrac{g_1}{d_2}\leqslant\lambda_{r+1}$，$d_1>\min\limits_{1\leqslant i\leqslant r}d_1^{(i)}$ 时，存在 $k\in[1,r]$，使得 $d_1>$

$d_1^{(k)}$，由式(2.2.4)得 $Q_k < 0$，从而 (u^*, v^*) 是不稳定的. □

2.3 非常数正解的存在性

定理 2.2.1 表明在一定条件下方程(2.1.1)的常数平衡解 (u^*, v^*) 是图灵不稳定的，本节在此基础上讨论方程(2.1.1)非常数正平衡解的存在性，也就是方程(2.1.2)非常数正解的存在性. 所使用的方法包括 Leray-Schauder 度理论和不动点指标理论.

定理 2.3.1 如果 $d_1 \leqslant \dfrac{k^2(k+\delta^2)}{(c\delta^2)^2}\lambda_1 d_2^2$，那么方程(2.1.2)没有非常数正解.

证明 假设 (u,v) 是系统(2.1.2)的非常数正解，系统(2.1.2)的第一个方程两边同乘以 $u-\bar{u}$，并在 Ω 上积分，则由定理 2.1.1 及引理 2.1.2 得

$$\begin{aligned}
& d_1\int_\Omega |\nabla(u-\bar{u})|^2 \mathrm{d}x \\
&= -k\int_\Omega (u-\bar{u})^2 \mathrm{d}x - \int_\Omega (uv^2 - u\bar{v}^2 + u\bar{v}^2 - \bar{u}\bar{v}^2)(u-\bar{u})\mathrm{d}x \\
&= -(k+\bar{v}^2)\int_\Omega (u-\bar{u})^2 \mathrm{d}x - \int_\Omega u(v+\bar{v})(v-\bar{v})(u-\bar{u})\mathrm{d}x \\
&\leqslant -(k+\delta^2)\int_\Omega (u-\bar{u})^2 \mathrm{d}x + 2\frac{c\delta^2}{k}\int_\Omega |v-\bar{v}\|u-\bar{u}|\mathrm{d}x.
\end{aligned}$$

再由 Young 不等式、Poincaré 不等式及引理 2.1.4 得

$$\begin{aligned}
d_1\int_\Omega |\nabla(u-\bar{u})|^2 \mathrm{d}x &\leqslant \frac{(c\delta^2)^2}{k^2(k+\delta^2)}\int_\Omega (v-\bar{v})^2 \mathrm{d}x \\
&< \frac{(c\delta^2)^2}{k^2(k+\delta^2)}\frac{1}{\lambda_1}\frac{d_1^2}{d_2^2}\int_\Omega |\nabla(u-\bar{u})|^2 \mathrm{d}x,
\end{aligned}$$

其中，λ_1 是 $-\Delta$ 在齐次 Neumann 边界条件下的第一个正特征值. 这与定理条件 $d_1 \leqslant \dfrac{k^2(k+\delta^2)}{(c\delta^2)^2}\lambda_1 d_2^2$ 相矛盾，所以方程(2.1.2)没有非常数正解. □

注 2.3.1　定理 2.3.1 表明，当 d_1 相对比较小或 d_2 相对比较大时，方程(2.1.2)没有非常数正解.

为了利用 Leray-Schauder 度理论讨论方程(2.1.2)存在非常数正解，令 $\tilde{u}=u-u^*$，$\tilde{v}=v-v^*$，方程(2.1.2)可化为

$$\begin{cases}-d_1\Delta\tilde{u}=f_0\tilde{u}+f_1\tilde{v}+f_2(\tilde{u},\tilde{v}), & x\in\Omega,\\ -d_2\Delta\tilde{v}=g_0\tilde{u}+g_1\tilde{v}+g_2(\tilde{u},\tilde{v}), & x\in\Omega,\\ \partial_\nu\tilde{u}=\partial_\nu\tilde{v}=0, & x\in\partial\Omega,\end{cases}\tag{2.3.1}$$

其中，$f_2(\tilde{u},\tilde{v})$，$g_2(\tilde{u},\tilde{v})$ 是 $(\tilde{u},\tilde{v})$ 的高阶量，则方程(2.1.2)的常数解 (u^*,v^*) 转化为方程(2.3.1)的 $(0,0)$ 解. 令

$$S=\left\{(\tilde{u},\tilde{v}):\frac{\delta^3(1-c^2)}{(k+c^2\delta^2)(k+\delta^2)}<\tilde{u}<\frac{\delta^3}{k(k+\delta^2)},\right.$$
$$\left.\frac{-c^2\delta^3}{k+c^2\delta^2}<\tilde{v}<(c-1)\delta\right\},$$

$$E=\{(u,v):u,v\in C^{1+\beta}(\overline{\Omega}),\ \partial_\nu u=\partial_\nu v=0,\ x\in\partial\Omega\},$$

则

$$\widetilde{\boldsymbol{U}}=\boldsymbol{K}(d_1)\widetilde{\boldsymbol{U}}+\boldsymbol{H}(\widetilde{\boldsymbol{U}}),\quad \widetilde{\boldsymbol{U}}=(\tilde{u},\tilde{v})^{\mathrm{T}},\tag{2.3.2}$$

其中，

$$\boldsymbol{K}(d_1)=\begin{pmatrix}0 & f_1(-d_1\Delta-f_0)^{-1}\\ g_0(-d_2\Delta+1)^{-1} & (g_1+1)(-d_2\Delta+1)^{-1}\end{pmatrix},$$

$$\boldsymbol{H}(\widetilde{\boldsymbol{U}})=\begin{pmatrix}(-d_1\Delta-f_0)^{-1}f_2(\tilde{u},\tilde{v})\\ (-d_2\Delta+1)^{-1}g_2(\tilde{u},\tilde{v})\end{pmatrix}.$$

那么 $\boldsymbol{K}(d_1)$ 是 E 上的线性紧算子，$\boldsymbol{H}(\widetilde{\boldsymbol{U}})$ 是 E 上的紧算子，且在 $(0,0)$ 附近及 d_1 的闭子区间上一致成立 $\boldsymbol{H}(\widetilde{\boldsymbol{U}})=o(\|\widetilde{\boldsymbol{U}}\|)$.

定理 2.3.2　假设条件(C)成立. 若 $\lambda_r<\dfrac{g_1}{d_2}\leqslant\lambda_{r+1}$，$\sum\limits_{k=1}^{r}m_k$ 是奇数，则当 $d_1>\max\limits_{1\leqslant i\leqslant r}d_1^{(i)}$ 时，方程(2.1.2)至少存在一个非常数正解.

证明　由定理 2.1.1 知，方程(2.3.1)在 S 边界上没有解，从而 $\deg(I-\boldsymbol{K}(d_1)-\boldsymbol{H},E\cap S,\boldsymbol{0})$ 是有意义的. 设 μ 是 $\boldsymbol{K}(d_1)-\boldsymbol{I}$ 的特征

值，相应的特征函数为 $(\phi(x),\psi(x))$，则有

$$-d_1(\mu+1)\Delta\phi=f_0(\mu+1)\phi+f_1\psi,$$
$$-d_2(\mu+1)\Delta\psi=g_0\phi+(g_1-\mu)\psi.$$

令

$$\phi=\sum_{0\leqslant i\leqslant\infty,1\leqslant j\leqslant m_i}a_{ij}\phi_{ij},\quad \psi=\sum_{0\leqslant i\leqslant\infty,1\leqslant j\leqslant m_i}b_{ij}\phi_{ij},$$

则

$$\sum_{0\leqslant i\leqslant\infty,1\leqslant j\leqslant m_i}\boldsymbol{B}_{\mu i}\begin{pmatrix}a_{ij}\\b_{ij}\end{pmatrix}\phi_{ij}=\boldsymbol{0},$$

其中，

$$\boldsymbol{B}_{\mu i}=\begin{pmatrix}f_0(\mu+1)-d_1(\mu+1)\lambda_i & f_1\\ g_0 & g_1-\mu-d_2(\mu+1)\lambda_i\end{pmatrix}.$$

所以，μ 是 $\boldsymbol{K}(d_1)-\boldsymbol{I}$ 的特征值等价于对于某些 i，有

$$\widetilde{M}_i\mu^2+\widetilde{P}_i\mu+\widetilde{Q}_i=0,\tag{2.3.3}$$

其中，

$$\widetilde{M}_i=(f_0-d_1\lambda_i)(-1-d_2\lambda_i),\ \widetilde{P}_i=(f_0-d_1\lambda_i)(g_1-1-2d_2\lambda_i),$$
$$\widetilde{Q}_i=(f_0-d_1\lambda_i)(g_1-d_2\lambda_i)-f_1g_0=Q_i.$$

从而 $\boldsymbol{K}(d_1)-\boldsymbol{I}$ 的所有特征值等价于所有 $i\geqslant0$，$\widetilde{M}_i\mu^2+\widetilde{P}_i\mu+\widetilde{Q}_i=0$ 对应的根，其中，$\widetilde{M}_i>0$，$\widetilde{P}_i>0$.

由定理 2.3.1 知，对于充分小的 $\hat{d}_1$，方程(2.3.1)除了 $(0,0)$ 解外无其他解. 类似定理 2.2.1 的证明可得 $\boldsymbol{K}(\hat{d}_1)-\boldsymbol{I}$ 没有正特征值且为双射. 从而

$$\deg(\boldsymbol{I}-\boldsymbol{K}(\hat{d}_1)-\boldsymbol{H},E\cap S,\boldsymbol{0})=\mathrm{index}(\boldsymbol{I}-\boldsymbol{K}(\hat{d}_1),(0,0))=1.$$

假设 $d_1>\max\limits_{1\leqslant i\leqslant r}d_1^{(i)}$ 时，在定理条件下方程(2.1.2)没有非常数正解，则 $(0,0)$ 是 S 中 $\boldsymbol{I}-\boldsymbol{K}(d_1)-\boldsymbol{H}$ 的唯一零点. 当 $\lambda_r<\dfrac{g_1}{d_2}\leqslant\lambda_{r+1}$ 时，$\widetilde{Q}_k<0$，$1\leqslant k\leqslant r$，$\widetilde{Q}_k>0$，$k\geqslant r+1$，所以 $\boldsymbol{K}(d_1)-\boldsymbol{I}$ 为双射且只

有 r 个正特征值 $\mu_k(k=1,2,\cdots,r)$.

记 $\boldsymbol{A}_k=\boldsymbol{K}(d_1)-\boldsymbol{I}-\mu_k\boldsymbol{I}$，$\boldsymbol{A}_k^*=\boldsymbol{K}^*(d_1)-\boldsymbol{I}-\mu_k\boldsymbol{I}$，其中，

$$\boldsymbol{K}^*(d_1)=\begin{pmatrix} 0 & g_0(-d_2\Delta+1)^{-1} \\ f_1(-d_1\Delta-f_0)^{-1} & (g_1+1)(-d_2\Delta+1)^{-1} \end{pmatrix}.$$

下面分情况证明 $\deg(\boldsymbol{I}-\boldsymbol{K}(d_1)-\boldsymbol{H},E\cap S,\boldsymbol{0})=\text{index}(\boldsymbol{I}-\boldsymbol{K}(d_1),(0,0))=-1$.

(1) $\mu_p\neq\mu_q$，$p\neq q$，$p,q=1,2,\cdots,r$：

对于任意一个 $\mu_k(k=1,2,\cdots,r)$ 而言，$\det\boldsymbol{B}_{\mu_k k}=0$，$\det\boldsymbol{B}_{\mu_k j}\neq 0$，$j\neq k$. 因此

$$N(\boldsymbol{A}_k)=\left\{\begin{pmatrix} d_2(\mu_k+1)\lambda_k-g_1+\mu_k \\ g_0 \end{pmatrix}\phi_{kj},\ 1\leqslant j\leqslant m_k\right\}.$$

设 $(\phi,\psi)\in N(\boldsymbol{A}_k^*)$，则有

$$-d_2(\mu_k+1)\Delta\phi=-(\mu_k+1)\phi+g_0\psi,$$
$$-d_1d_2g_0(\mu_k+1)\Delta\psi=f_\phi\phi+f_\psi\psi,$$

其中，

$$f_\phi=d_2f_1g_0-(d_1+d_2f_0)(g_1+1)(\mu_k+1),$$
$$f_\psi=d_2f_0g_0(\mu_k+1)+d_1g_0(g_1+1).$$

同样运用傅里叶展式可得

$$\sum_{0\leqslant i\leqslant\infty,1\leqslant j\leqslant m_i}\boldsymbol{B}_{\mu_k i}^*\begin{pmatrix} a_{ij} \\ b_{ij} \end{pmatrix}\phi_{ij}=\boldsymbol{0},$$

其中，

$$\boldsymbol{B}_{\mu_k i}^*=\begin{pmatrix} -(\mu_k+1)-d_2(\mu_k+1)\lambda_i & g_0 \\ f_\phi & f_\psi-d_1d_2g_0(\mu_k+1)\lambda_i \end{pmatrix}.$$

因为 $\det\boldsymbol{B}_{\mu_k i}^*=d_2g_0\det\boldsymbol{B}_{\mu_k i}$，所以 $\det\boldsymbol{B}_{\mu_k k}^*=0$，$\det\boldsymbol{B}_{\mu_k j}^*\neq 0$，$j\neq k$. 因此

$$N(\boldsymbol{A}_k^*)=\left\{\begin{pmatrix} g_0 \\ \mu_k+1+d_2(\mu_k+1)\lambda_k \end{pmatrix}\phi_{kj},\ 1\leqslant j\leqslant m_k\right\}.$$

进而，由

$$
\begin{aligned}
& g_0[d_2(\mu_k+1)\lambda_k-g_1+\mu_k+\mu_k+1+d_2(\mu_k+1)\lambda_k] \\
=\ & g_0[2\mu_k+2d_2(\mu_k+1)\lambda_k+(1-g_1)] \\
>\ & 0
\end{aligned}
$$

可得 $N(\boldsymbol{A}_k)\cap(N(\boldsymbol{A}_k^*))^{\perp}=\{\boldsymbol{0}\}$. 从而证得 μ_k，$k=1,2,\cdots,r$ 的代数重数为 m_k. 所以，

$$
\begin{aligned}
\deg(\boldsymbol{I}-\boldsymbol{K}(d_1)-\boldsymbol{H},E\cap S,\boldsymbol{0}) &= \mathrm{index}(\boldsymbol{I}-\boldsymbol{K}(d_1),(0,0)) \\
&= (-1)^{\sum_{k=1}^{r} m_k}=-1.
\end{aligned}
$$

(2) $\mu_{r_1}=\mu_{r_2}=\cdots=\mu_{r_s}\neq\mu_{r_{s+1}}\neq\cdots\neq\mu_{r_r}$，$s\neq1$：

对于 $\mu_{r_l}, l=s+1,s+2,\cdots,r$ 而言，同(1)可证其代数重数为 $m_{r_l}(l=s+1,s+2,\cdots,r)$.

对于 $\mu_{r_1}=\mu_{r_2}=\cdots=\mu_{r_s}$ 而言，以 μ_{r_1} 为例，则只有 $\det\boldsymbol{B}_{u r_1 rt}=0$，$t=1,2,\cdots,s$. 因此，

$$
N(\boldsymbol{A}_{r_1})=\left\{\begin{pmatrix} d_2(\mu_{r_1}+1)\lambda_{r_t}-g_1+\mu_{r_1} \\ g_0 \end{pmatrix}\phi_{r_t j_{r_t}},\ 1\leqslant t\leqslant s,\ 1\leqslant j_{r_t}\leqslant m_{r_t}\right\}.
$$

由 $\det\boldsymbol{B}_{\mu_{r_1}i}^*=d_2 g_0\det\boldsymbol{B}_{\mu_{r_1}i}$ 知，$\det\boldsymbol{B}_{\mu_{r_1}r_t}^*=0$，$t=1,2,\cdots,s$. 因此，

$$
N(\boldsymbol{A}_{r_1}^*)=\left\{\begin{pmatrix} g_0 \\ \mu_{r_1}+1+d_2(\mu_{r_1}+1)\lambda_{r_t} \end{pmatrix}\phi_{r_t j_{r_t}},\ 1\leqslant t\leqslant s,\ 1\leqslant j_{r_t}\leqslant m_{r_t}\right\}.
$$

进而，由

$$
g_0[d_2(\mu_{r_1}+1)\lambda_{r_t}-g_1+\mu_{r_1}+\mu_{r_1}+1+d_2(\mu_{r_1}+1)\lambda_{r_t}]>0,\ t=1,2,\cdots,s
$$

可得

$$
N(\boldsymbol{A}_{r_1})\cap(N(\boldsymbol{A}_{r_1}^*))^{\perp}=\{\boldsymbol{0}\}.
$$

从而证得 μ_{r_1} 的代数重数为 $\sum_{t=1}^{s} m_{r_t}$. 所以，

$$
\begin{aligned}
\deg(\boldsymbol{I}-\boldsymbol{K}(d_1)-\boldsymbol{H},E\cap S,\boldsymbol{0}) &= \mathrm{index}(\boldsymbol{I}-\boldsymbol{K}(d_1),(0,0)) \\
&= (-1)^{\sum_{t=1}^{s} m_{r_t}+\sum_{l=s+1}^{r} m_{r_l}}=-1.
\end{aligned}
$$

综合(1)和(2)可得

$$\deg(\boldsymbol{I}-\boldsymbol{K}(\hat{d}_1)-\boldsymbol{H},E\cap S,\boldsymbol{0})\neq\deg(\boldsymbol{I}-\boldsymbol{K}(d_1)-\boldsymbol{H},E\cap S,\boldsymbol{0}).$$

这与度的同伦不变性矛盾. 从而定理得证. □

注 2.3.2　由式(2.3.3)的具体形式易知 μ_k，$k=1,2,\cdots,r$ 中最多有两个相等，从而定理 2.3.2 证明中 s 取 2.

2.4　全局分歧

本节分析 n 维糖酵解模型空间模式的结构. 固定参数 δ,k 和 d_2，以 d_1 作为分歧参数，运用分歧理论讨论模型(2.1.2)正解的存在性.

设 Hilbert 空间 $Y=L^2(\Omega)\times L^2(\Omega)$ 的内积为

$$\langle\boldsymbol{U}_1,\boldsymbol{U}_2\rangle_Y=\langle u_1,u_2\rangle_{L^2(\Omega)}+\langle v_1,v_2\rangle_{L^2(\Omega)},$$

$$\boldsymbol{U}_1=(u_1,v_1),\ \boldsymbol{U}_2=(u_2,v_2)\in Y.$$

令 $X=\{(u,v):u,v\in C^2(\overline{\Omega}),\partial_\nu u=\partial_\nu v=0,x\in\partial\Omega\}$，则 X 是 C^2 范数意义下的 Banach 空间. 定义映射 $\boldsymbol{F}:(0,\infty)\times X\to Y$ 为

$$\boldsymbol{F}(d_1,\boldsymbol{U})=\begin{pmatrix}d_1\Delta u+f(u,v)\\ d_2\Delta v+g(u,v)\end{pmatrix},$$

其中，$\boldsymbol{U}=(u,v)$，则方程(2.1.2)的解转化为 $\boldsymbol{F}$ 的零点，且有 $\boldsymbol{F}(d_1,\boldsymbol{U}^*)=\boldsymbol{0}$，其中，$\boldsymbol{U}^*=(u^*,v^*)$.

定理 2.4.1　假设条件(C)成立. 若正整数 j 满足

(i) $\lambda_j<\dfrac{g_1}{d_2}$；

(ii) λ_j 的代数重数 $m_j=1$；

(iii) 对于任意正整数 $m,m\neq j$ 时 $d_1^{(m)}\neq d_1^{(j)}$；

则 $(d_1^{(j)},\boldsymbol{U}^*)$ 是 $\boldsymbol{F}(d_1,\boldsymbol{U})=\boldsymbol{0}$ 关于曲线 $(d_1,\boldsymbol{U}^*)$ 的分歧点，且存在 $\delta>0$，当 $|s|<\delta$ 时 C^1 曲线 $(d_1(s),u(s),v(s))$ 是模型(2.1.2)的正解，并满足 $d_1(0)=d_1^{(j)}$，$\phi(0)=\psi(0)=0$，其中，$u(s)=u^*+s(a_{j1}\phi_{j1}+\phi(s))$，$v(s)=v^*+s(\phi_{j1}+\psi(s))$，$a_{j1}=\dfrac{d_2\lambda_j-g_1}{g_0}$.

证明 下面验证单重特征值分歧定理 B.1.1(见附录 B)的条件.

(1) 设 $\boldsymbol{\Phi}=(\phi,\psi)\in N(\boldsymbol{L})$,其中,$\boldsymbol{L}$ 为模型(2.1.2)关于 (u^*,v^*) 的线性化算子

$$\boldsymbol{L}=\boldsymbol{F}_U(d_1,\boldsymbol{U}^*)=\begin{pmatrix} d_1\Delta+f_0 & f_1 \\ g_0 & d_2\Delta+g_1 \end{pmatrix}.$$

令

$$\phi=\sum_{0\leqslant i\leqslant\infty,1\leqslant j\leqslant m_i} a_{ij}\phi_{ij},\quad \psi=\sum_{0\leqslant i\leqslant\infty,1\leqslant j\leqslant m_i} b_{ij}\phi_{ij},$$

则有

$$\sum_{0\leqslant i\leqslant\infty,1\leqslant j\leqslant m_i}\boldsymbol{B}_i\begin{pmatrix} a_{ij} \\ b_{ij}\end{pmatrix}\phi_{ij}=\boldsymbol{0},\quad \boldsymbol{B}_i=\begin{pmatrix} f_0-d_1\lambda_i & f_1 \\ g_0 & g_1-d_2\lambda_i \end{pmatrix}.$$

由于 λ_j 的代数重数为 1,并且 $m\neq j$ 时 $d_1^{(m)}\neq d_1^{(j)}$,所以取 $d_1=d_1^{(j)}$ 可得

$$N(\boldsymbol{L})=\operatorname{span}\{\boldsymbol{\Phi}\},$$

其中,

$$\boldsymbol{\Phi}=\begin{pmatrix} a_{j1} \\ 1 \end{pmatrix}\phi_{j1},\quad a_{j1}=\frac{d_2\lambda_j-g_1}{g_0}<0.$$

(2) $\boldsymbol{L}$ 的共轭算子

$$\boldsymbol{L}^*=\begin{pmatrix} d_1^{(j)}\Delta+f_0 & g_0 \\ f_1 & d_2\Delta+g_1 \end{pmatrix}.$$

类似(1)可证

$$N(\boldsymbol{L}^*)=\operatorname{span}\{\boldsymbol{\Phi}^*\},$$

其中,

$$\boldsymbol{\Phi}^*=\begin{pmatrix} a_{j1}^* \\ 1 \end{pmatrix}\phi_{j1},\quad a_{j1}^*=\frac{d_2\lambda_j-g_1}{f_1}>0.$$

所以 $R(\boldsymbol{L})$ 的余维数为 1.

(3) 因为

$$\boldsymbol{F}_{d_1U}(d_1^{(j)},\boldsymbol{U}^*)\boldsymbol{\Phi}=\begin{pmatrix}\Delta & 0\\ 0 & 0\end{pmatrix}\boldsymbol{\Phi}=\begin{pmatrix}-\lambda_j a_{j1}\phi_{j1}\\ 0\end{pmatrix},$$

且

$$\langle \boldsymbol{F}_{d_1U}(d_1^{(j)},\boldsymbol{U}^*)\boldsymbol{\Phi},\boldsymbol{\Phi}^*\rangle_Y=\langle -\lambda_j a_{j1}\phi_{j1},a_{j1}^*\phi_{j1}\rangle_{L^2(\Omega)}=-\lambda_j a_{j1}a_{j1}^*>0,$$

所以

$$\boldsymbol{F}_{d_1U}(d_1^{(j)},\boldsymbol{U}^*)\boldsymbol{\Phi}\notin R(\boldsymbol{L}).$$

综上，由文献[104]该定理得证. □

定理 2.4.2　在定理 2.4.1 的假设下，由 $(d_1^{(j)},\boldsymbol{U}^*)$ 产生的局部分歧可延拓成整体分歧.

证明　令 $\tilde{u}=u-u^*$，$\tilde{v}=v-v^*$，则式(2.3.2)成立. 由定理 2.4.1 的证明知 $N(\boldsymbol{K}(d_1^{(j)})-\boldsymbol{I})=N(\boldsymbol{L})=\mathrm{span}\{\boldsymbol{\Phi}\}$，即 1 是 $\boldsymbol{K}(d_1^{(j)})$ 的特征值. 若 $0<d_1\neq d_1^{(j)}$ 在 $d_1^{(j)}$ 的小邻域内，则 $\boldsymbol{I}-\boldsymbol{K}(d_1)$ 是双射，且 $(0,0)$ 是方程(2.3.2)的孤立零点. 从而 $\boldsymbol{I}-\boldsymbol{K}(d_1)-\boldsymbol{H}$ 的零点指标为

$$\mathrm{index}(\boldsymbol{I}-\boldsymbol{K}(d_1)-\boldsymbol{H},(d_1,(0,0)))=\deg(\boldsymbol{I}-\boldsymbol{K}(d_1),B,(0,0))=(-1)^p,\tag{2.4.1}$$

其中，B 是以 $(0,0)$ 为中心的充分小的球，p 为 $\boldsymbol{K}(d_1)$ 所有大于 1 的特征值的代数重数之和.

设 μ 是 $\boldsymbol{K}(d_1)$ 的特征值，相应的特征函数为 $(\bar{\phi},\bar{\psi})$，那么

$$-d_1\mu\Delta\bar{\phi}=f_0\mu\bar{\phi}+f_1\bar{\psi},\quad -d_2\mu\Delta\bar{\psi}=g_0\bar{\phi}+(g_1-\mu+1)\bar{\psi}.$$

令

$$\bar{\phi}=\sum_{0\leqslant i\leqslant\infty,1\leqslant j\leqslant m_i}\bar{a}_{ij}\phi_{ij},\quad \bar{\psi}=\sum_{0\leqslant i\leqslant\infty,1\leqslant j\leqslant m_i}\bar{b}_{ij}\phi_{ij},$$

则有

$$\sum_{0\leqslant i\leqslant\infty,1\leqslant j\leqslant m_i}\boldsymbol{B}_i(d_1,\mu)\begin{pmatrix}\bar{a}_{ij}\\ \bar{b}_{ij}\end{pmatrix}\phi_{ij}=\boldsymbol{0},\tag{2.4.2}$$

其中，

$$\boldsymbol{B}_i(d_1,\mu)=\begin{pmatrix}f_0\mu-d_1\mu\lambda_i & f_1\\ g_0 & g_1+1-\mu-d_2\mu\lambda_i\end{pmatrix}.$$

所以，$\boldsymbol{K}(d_1)$ 的所有特征值等价于所有 $i\geqslant 0$ 时，特征方程

$$(f_0-d_1\lambda_i)(-1-d_2\lambda_i)\mu^2+(f_0-d_1\lambda_i)(g_1+1)\mu-f_1g_0=0 \tag{2.4.3}$$

对应的根. 当 $d_1=d_1^{(j)}$ 时，$\mu=1$ 为方程(2.4.3)的一个根，计算可得 $d_1^{(j)}=d_1^{(i)}$，由已知条件得 $j=i$. 从而当 $i\neq j$ 时，对于 $d_1^{(j)}$ 附近的 d_1，$\boldsymbol{K}(d_1)$ 大于 1 的特征值的数量相同，并且具有相同的代数重数. 当 $i=j$ 时，方程(2.4.3)的两个根为

$$\mu(d_1^{(j)})=1,\ \tilde{\mu}(d_1^{(j)})=\frac{g_1-d_2\lambda_j}{1+d_2\lambda_j}<1.$$

则当 d_1 在 $d_1^{(j)}$ 附近时，$\tilde{\mu}(d_1)<1$. 而 $\mu(d_1)$ 关于 d_1 是单调递增的，所以

$$\mu(d_1^{(j)}+\varepsilon)>1,\ \mu(d_1^{(j)}-\varepsilon)<1,$$

即 $\boldsymbol{K}(d_1^{(j)}+\varepsilon)$ 比 $\boldsymbol{K}(d_1^{(j)}-\varepsilon)$ 多一个大于 1 的特征值，记为 $\mu(d_1^{(j)}+\varepsilon)$. 为方便起见，记 $d_1^{(j)}+\varepsilon=\hat{d}_1$，$\mu(d_1^{(j)}+\varepsilon)=\hat{\mu}$，$\boldsymbol{K}(d_1^{(j)}+\varepsilon)=\hat{\boldsymbol{K}}$.

下面证明 $\hat{\mu}(\hat{\mu}>1)$ 是 $\hat{\boldsymbol{K}}$ 的代数重数为 1 的特征值. 由式(2.4.2)可知，$\det\boldsymbol{B}_j(\hat{d}_1,\hat{\mu})=0$，且

$$N(\hat{\boldsymbol{K}}-\hat{\mu}\boldsymbol{I})=\begin{pmatrix}(1+d_2\lambda_j)\hat{\mu}-(g_1+1)\\ g_0\end{pmatrix}\phi_{j1}.$$

设 $(\hat{\phi},\hat{\psi})\in N(\hat{\boldsymbol{K}}^*-\hat{\mu}\boldsymbol{I})$，则有

$$-d_2\Delta\hat{\phi}=-\hat{\phi}+g_0\hat{\psi},\quad -d_1d_2g_0\Delta\hat{\psi}=f_{\hat{\phi}}\hat{\phi}+f_{\hat{\psi}}\hat{\psi},$$

其中，

$$f_{\hat{\phi}}=d_2f_1g_0-(d_1+d_2f_0)(g_1+1),\ f_{\hat{\psi}}=d_2f_0g_0+d_1g_0(g_1+1).$$

令

$$\hat{\phi}=\sum_{0\leqslant i\leqslant\infty,1\leqslant j\leqslant m_i}\hat{a}_{ij}\phi_{ij},\quad \hat{\psi}=\sum_{0\leqslant i\leqslant\infty,1\leqslant j\leqslant m_i}\hat{b}_{ij}\phi_{ij},$$

则有

$$\sum_{0\leqslant i\leqslant\infty,1\leqslant j\leqslant m_i}\boldsymbol{B}_i^*(\hat{d}_1,\hat{\mu})\begin{pmatrix}\hat{a}_{ij}\\ \hat{b}_{ij}\end{pmatrix}\phi_{ij}=\boldsymbol{0},$$

其中，

$$\boldsymbol{B}_i^*(\hat{d}_1,\hat{\mu})=\begin{pmatrix}-\hat{\mu}-d_2\hat{\mu}\lambda_i & g_0\\ f_{\hat{\phi}} & f_{\hat{\psi}}-\hat{d}_1 d_2 g_0\hat{\mu}\lambda_i\end{pmatrix}.$$

由于 $\det\boldsymbol{B}_i^*(\hat{d}_1,\hat{\mu})=d_2 g_0\det\boldsymbol{B}_i(\hat{d}_1,\hat{\mu})$，则

$$N(\hat{\boldsymbol{K}}^*-\hat{\mu}\boldsymbol{I})=\begin{pmatrix}g_0\\(1+d_2\lambda_j)\hat{\mu}\end{pmatrix}\phi_{j1}.$$

进而由 $0<g_1<1$ 和 $\hat{\mu}>1$ 可知，

$$\begin{aligned}&g_0[(1+d_2\lambda_j)\hat{\mu}-(g_1+1)+(1+d_2\lambda_j)\hat{\mu}]\\&=g_0[2d_2\lambda_j\hat{\mu}+2\hat{\mu}-(g_1+1)]>0,\end{aligned}$$

这表明 $N(\hat{\boldsymbol{K}}-\hat{\mu}\boldsymbol{I})\cap(N(\hat{\boldsymbol{K}}^*-\hat{\mu}\boldsymbol{I}))^{\perp}=\{\boldsymbol{0}\}$，即 $N(\hat{\boldsymbol{K}}-\hat{\mu}\boldsymbol{I})\cap R(\hat{\boldsymbol{K}}-\hat{\mu}\boldsymbol{I})=\{\boldsymbol{0}\}$. 所以，$\mu(d_1^{(j)}+\varepsilon)$ 是 $\boldsymbol{K}(d_1^{(j)}+\varepsilon)$ 的代数重数为 1 的特征值. 从而根据式(2.4.1)可知，

$$\begin{aligned}&\text{index}(\boldsymbol{I}-\boldsymbol{K}(d_1^{(j)}-\varepsilon)-\boldsymbol{H},(d_1^{(j)}-\varepsilon,(0,0)))\\&\neq\text{index}(\boldsymbol{I}-\boldsymbol{K}(d_1^{(j)}+\varepsilon)-\boldsymbol{H},(d_1^{(j)}+\varepsilon,(0,0))).\end{aligned}$$

因此，根据文献[105]和附录中定理 B.1.2 可知，对于模型(2.1.2)，由 $(d_1^{(j)},\boldsymbol{U}^*)$ 产生的局部分歧可以延拓成整体分歧 Γ_j，而且 Γ_j 要么在 $\mathbb{R}\times E$ 中延伸到无穷，要么连接 $(d_1^{(k)},\boldsymbol{U}^*)$，其中，$d_1^{(k)}>0$，$k\neq j$.

2.5　数值模拟

本节将运用数值模拟对给出的理论结果做出解释和证实. 令 $\hat{x}=x/l$ 使得空间区域由 $0<x<l$ 变为 $0<\hat{x}<1$，在数值模拟中仍用 x 表示 $\hat{x}$. 在所有的数值模拟中，固定参数 $k=0.1,\delta=3$，$l=1$.

图 2.1 中参数 $d_1=20$，说明 d_2 相对比较大时模型(2.1.1)没有非常数正平衡解，而图 2.2 中参数 $d_2=0.08$，说明 d_1 相对比较小时模型(2.1.1)没有非常数正平衡解. 这说明 d_2 的取值相对较小或 d_1 的取值相对较大时，模型(2.1.1)形成空间模式，这证实了定理 2.3.1，也得到了模型(2.1.1)的模式生成的必要条件. 基于此，取 $d_2=0.005$，可得 $d_1^{(3)}=\min\limits_{1\leqslant i\leqslant r}d_1^{(i)}=0.2271$，其中，$r$ 满足 $\lambda_r<\dfrac{g_1}{d_2}\leqslant\lambda_{r+1}$. 由定理 2.2.1 可知，当 $d_1>d_1^{(3)}$

时，常数平衡解（u^*，v^*）是图灵不稳定的. 结合定理 2.4.1 知，取 $d_1 = 0.4 > \min\limits_{1 \leqslant i \leqslant r} d_1^{(i)}$，图 2.3 证实了模型(2.1.1)的空间模式的生成，验证了定理 2.2.1 和定理 2.4.1.

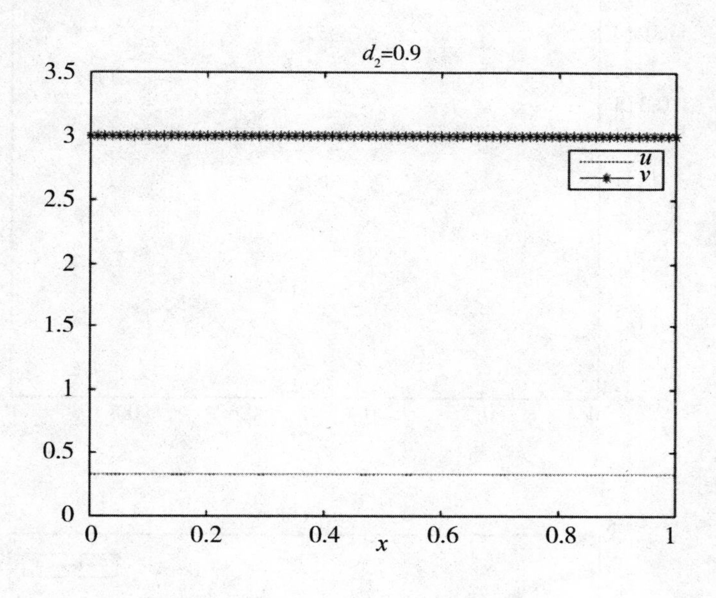

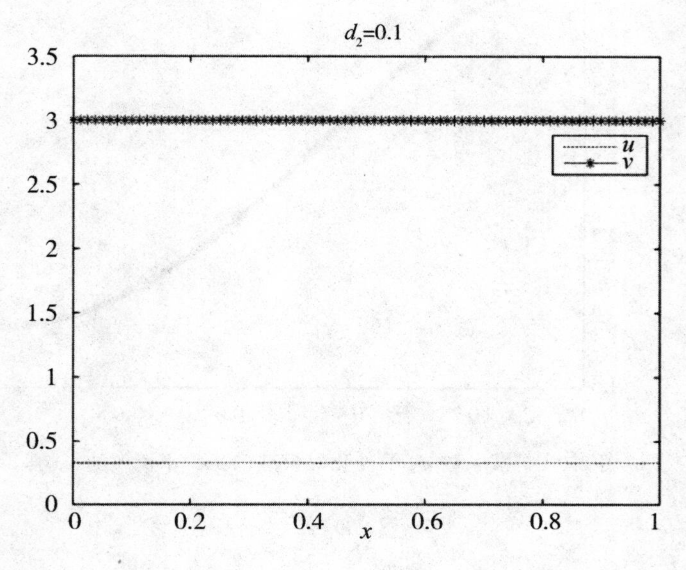

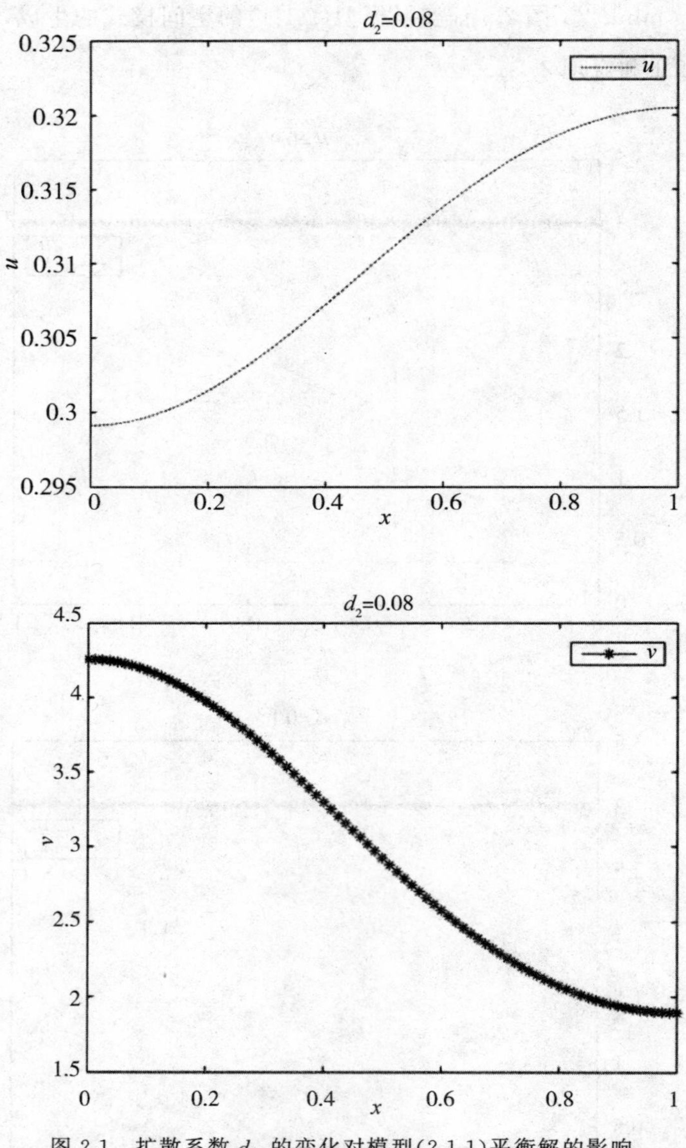

图 2.1　扩散系数 d_2 的变化对模型(2.1.1)平衡解的影响

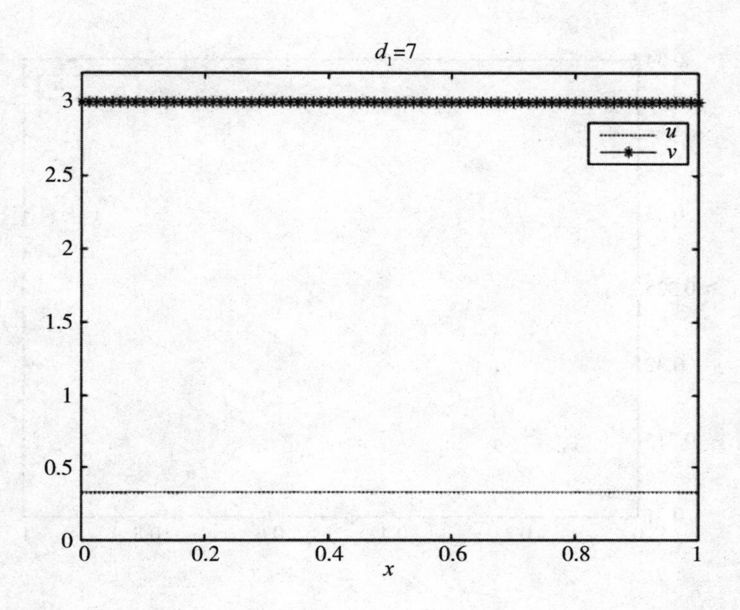
d_1=7
u
v
x

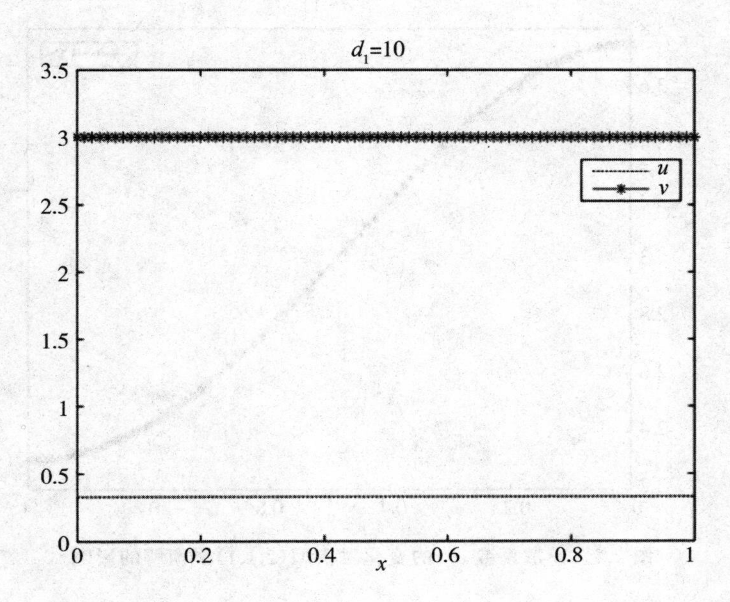
d_1=10
u
v
x

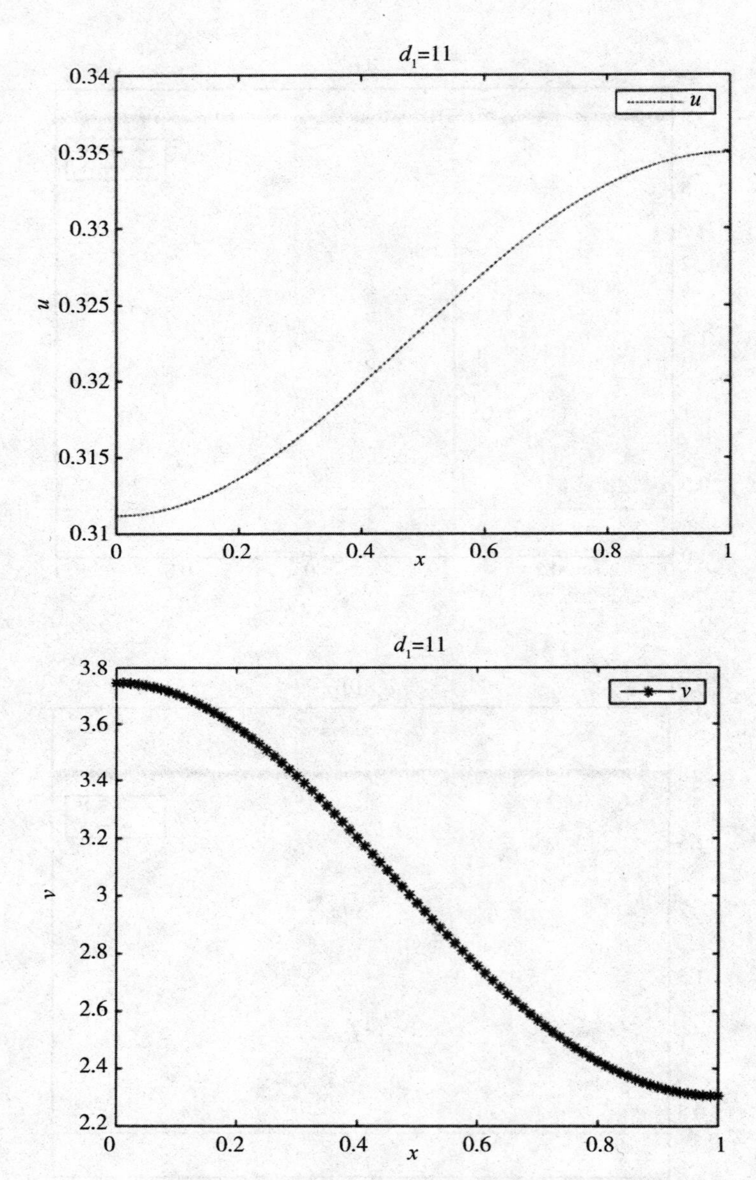

图 2.2　扩散系数 d_1 的变化对模型(2.1.1)平衡解的影响

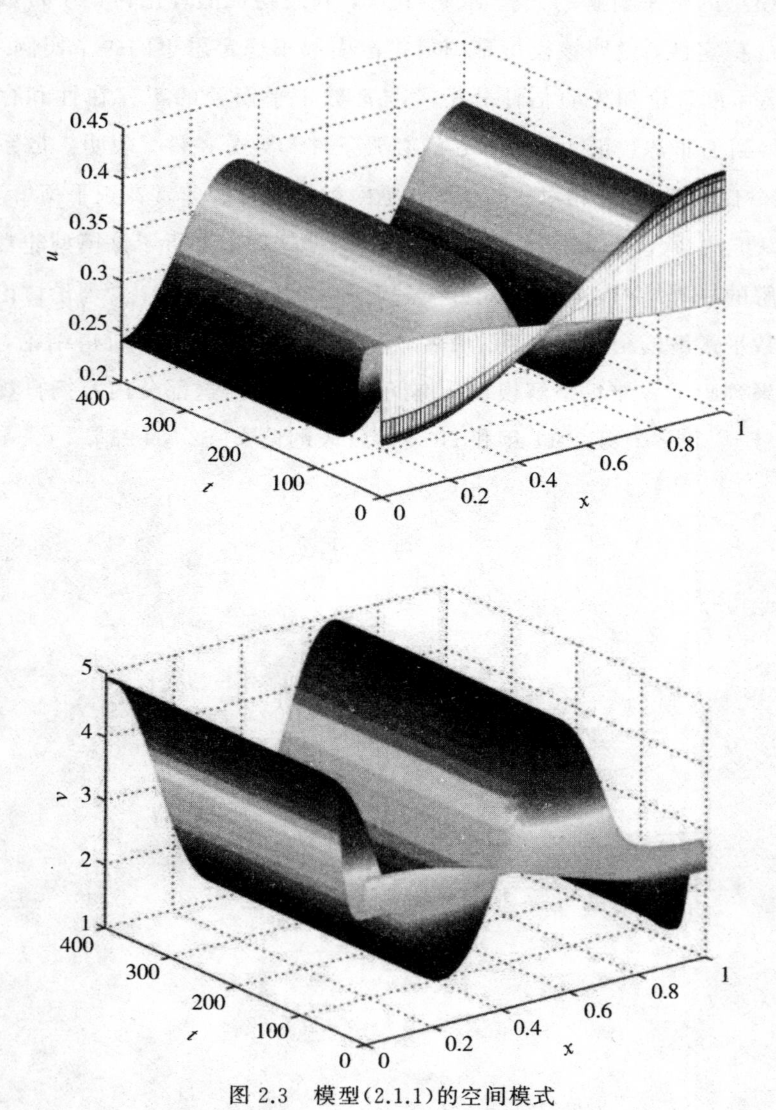

图 2.3　模型(2.1.1)的空间模式

注:参数取值为 $k=0.1$，$\delta=3$，$l=1$，$d_2=0.005$，$d_1=0.4$.

2.6 评　　注

本章研究了 n 维带有 Neumann 边界条件的糖酵解模型. 首先，给出了该模型的正平衡解的先验估计. 其次，利用特征值理论讨论了常数平衡解的稳定性，说明该模型是图灵扩散引起不稳定思想的一个实例. 再次，运用度理论和先验估计分析了非常数正平衡解的不存在性和存在性，得到了非常数正平衡解存在的必要条件和充分条件，表明扩散系数 d_1 相对比较小或 d_2 相对比较大时，糖酵解模型没有非常数正平衡解. 然后，以扩散系数 d_1 为分歧参数，运用局部分歧理论分析了该模型非常数平衡解的局部结构，利用全局分歧理论和 Leray-Schauder 度理论讨论了非常数平衡解的全局存在性. 最后，借助数值模拟证实了所得结论，数值结果刻画了 n 维糖酵解模型的空间模式的形成. 这部分内容摘自魏美华、吴建华和常金勇 2011 年和 2014 年发表的论文[92]，[93].

第3章 一维 Neumann 边界条件的糖酵解模型的图灵分歧

1952 年，英国数学家 Turing 提出在相互作用的化学系统中扩散导致不稳定，并转化为空间模式. 在化学反应中，反应物质不仅能相互作用，而且还能进行独自扩散，这就是图灵斑图产生的机制. 图灵斑图的产生所对应的是一个非线性反应动力学过程与一种特殊的扩散过程的耦合. 这个特殊的扩散过程由于两种因子的扩散速度不同会产生失稳. 文献[94]给出了许多反应扩散模型，而在两种成分的反应扩散模型中，关于图灵斑图主要有两种模型，一种是激活抑制模型[95],[96]，另一种是激活基质模型[25],[50]. 而糖酵解模型就是一种典型的激活基质模型.

到目前为止，平衡态分歧主要集中在单重特征值的情况下，参见文献[60],[97]～[103]，运用的方法是经典的 Crandall-Rabinowitz 分歧理论，参见文献[104],[105]. 但正如文献[60],[97]～[103]所述，平衡态分歧可能发生在单重零特征值处，也可发生在多重特征值处. 而在后一种情况下，经典的分歧理论无法运用. 基于此，本章重点讨论双重特征值处产生的分歧解，其包含着两个平衡态模式的相互作用. 这将涉及奇异性分歧，即经典的 Crandall-Rabinowitz 分歧理论中一个或多个假设不成立情况下的分歧. 在这种情况下，运用的主要方法是李亚普诺夫-施密特约化方法和奇异性理论. 奇异性理论是由 Golubitsky[106] 提出的，将分歧问题利用等价类约化为代数问题，它为分歧问题的研究提供了一个非常有用的方法. 其主要优点是它能很好地适应奇异性分歧，如双重分歧.

而且，它可应用于研究单重分歧解的分歧方向、多重性和稳定性等.

本章的主要目的在于通过图灵分歧考察糖酵解模型的平衡态结构，特别是双重分歧产生的平衡态的结构，并分析单重分歧解和双重分歧解的稳定性. 主要内容如下：3.1 节运用李亚普诺夫-施密特约化过程和奇异性理论分析单重特征值处产生的非常数平衡解的局部和全局结构；3.2 节给出 Neumann 边界条件下的双重特征值的存在性，并利用李亚普诺夫-施密特约化过程和奇异性理论研究双重特征值处产生的非常数平衡态结构；3.3 节结合稳定性理论和奇异性理论讨论单重分歧解和双重分歧解的稳定性；3.4 节对分析结果进行数值模拟，并阐明糖酵解模型具有激活基质模型所具有的本质特征.

3.1　单重分歧

在一维空间下 $\Omega=(0,l)$，$l>0$ 的情况下，糖酵解模型为

$$\begin{cases}u_t=d_1u_{xx}+\delta-ku-uv^2, & x\in(0,l),\ t>0,\\ v_t=d_2v_{xx}+ku-v+uv^2, & x\in(0,l),\ t>0,\\ u_x=v_x=0, & x=0,l,\ t>0,\\ u(x,0)=u_0(x)\geqslant 0,\ v(x,0)=v_0(x)\geqslant 0, & x\in(0,l).\end{cases}\tag{3.1.1}$$

方程(3.1.1)的平衡解相应于方程

$$\begin{cases}d_1u_{xx}+\delta-ku-uv^2=0, & x\in(0,l),\\ d_2v_{xx}+ku-v+uv^2=0, & x\in(0,l),\\ u_x=v_x=0, & x=0,l\end{cases}\tag{3.1.2}$$

的正解. 固定参数 δ,k,d_2 满足 $0<k<\dfrac{1}{\delta}$ 和 $k<\delta^2$，以 d_1 作为分歧参数，运用李亚普诺夫-施密特约化方法、奇异性理论和全局分歧理论讨论系统(3.1.2)非常数正解的局部和全局结构.

设 Hilbert 空间 $Y=L^2(0,l)\times L^2(0,l)$ 的内积为

$$\langle \boldsymbol{U}_1, \boldsymbol{U}_2 \rangle = \langle u_1, u_2 \rangle_{L^2(0,l)} + \langle v_1, v_2 \rangle_{L^2(0,l)},$$

$$\boldsymbol{U}_1 = (u_1, v_1), \quad \boldsymbol{U}_2 = (u_2, v_2) \in Y.$$

令 $X = \{(u,v): u, v \in C^2[0,l], u_x = v_x = 0, x = 0, l\}$，则 X 是 C^2 范数意义下的 Banach 空间. 定义映射 $\boldsymbol{F}: X \times (0, \infty) \to Y$ 为

$$\boldsymbol{F}(\boldsymbol{U}, d_1) = \begin{pmatrix} d_1 u_{xx} + f(u,v) \\ d_2 v_{xx} + g(u,v) \end{pmatrix},$$

其中，$\boldsymbol{U} = (u,v)^{\mathrm{T}}$，$f(u,v) = \delta - ku - uv^2$，$g(u,v) = ku - v + uv^2$，则方程(3.1.2)的解转化为方程 $\boldsymbol{F}(\boldsymbol{U}, d_1) = \boldsymbol{0}$ 的零点. 显然，$(u^*, v^*) = \left(\dfrac{\delta}{k+\delta^2}, \delta\right)$ 是方程(3.1.1)和方程(3.1.2)的常数解，且 $\boldsymbol{F}(\boldsymbol{U}^*, d_1) = \boldsymbol{0}$，其中，$\boldsymbol{U}^* = (u^*, v^*)^{\mathrm{T}}$.

记特征值问题

$$\begin{cases} -\phi_{xx} = \lambda \phi, & x \in (0,l), \\ \phi_x = 0, & x = 0, l \end{cases}$$

的特征值为 $\lambda_i = (\pi j / l)^2$，$j = 0, 1, 2, \cdots$，相应的正规化的特征函数为

$$\phi_j(x) = \begin{cases} 1/\sqrt{l}, & j = 0, \\ \sqrt{2/l}\cos(\pi j x / l), & j > 0, \end{cases}$$

则 $\{\phi_j(x): j = 0, 1, 2, \cdots\}$ 构成 $L^2(0,l)$ 的一组标准正交基. 假设条件

$$\text{(C)} \quad \delta^2 \in \left(k, \frac{1 - 2k - \sqrt{1-8k}}{2}\right) \cup \left(\frac{1 - 2k + \sqrt{1-8k}}{2}, \infty\right)$$

成立. 令

$$f_0 = -k - \delta^2 < 0, \; f_1 = -\frac{2\delta^2}{k+\delta^2} < 0,$$

$$g_0 = k + \delta^2 > 0, \; g_1 = \frac{\delta^2 - k}{k + \delta^2} > 0,$$

则糖酵解模型为激活基质模型，u 为基质，v 为激活剂. 定义

$$d_1^{(i)} = \frac{g_0(1 + d_2 \lambda_i)}{\lambda_i (g_1 - d_2 \lambda_i)}, \; 1 \leqslant i \leqslant \Lambda, \tag{3.1.3}$$

其中，$\Lambda=\Lambda(d_2,l,\delta,k)$ 表示 i 满足 $\lambda_i<\dfrac{g_1}{d_2}$ 的最大整数.

引入新变量

$$\tilde{u}=u-u^*,\ \tilde{v}=v-v^*.$$

为了保持标记一致，仍分别用 u,v 表示 $\tilde{u},\tilde{v}$，则系统(3.1.2)可化为

$$\boldsymbol{F}(\boldsymbol{U},\lambda)=\boldsymbol{LU}+\boldsymbol{N}(\boldsymbol{U})=\boldsymbol{0},\ x\in(0,l),\tag{3.1.4}$$

和

$$\frac{\partial \boldsymbol{U}}{\partial x}=\boldsymbol{0},\ x=0,l,$$

其中，$\lambda=d_1-d_1^{(j)}$ 和

$$\boldsymbol{L}\begin{pmatrix}u\\v\end{pmatrix}=\begin{pmatrix}(\lambda+d_1^{(j)})\dfrac{\partial^2}{\partial x^2}+f_0 & f_1\\ g_0 & d_2\dfrac{\partial^2}{\partial x^2}+g_1\end{pmatrix}\begin{pmatrix}u\\v\end{pmatrix},$$

$$\boldsymbol{N}(u,v)=\left(uv^2+2\delta uv+\frac{\delta}{k+\delta^2}v^2\right)\begin{pmatrix}-1\\1\end{pmatrix}.\tag{3.1.5}$$

显然，$\boldsymbol{F}(\boldsymbol{0},\lambda)=\boldsymbol{0}$. 进而以 λ 代替 d_1 为分岐参数.

对于满足 $d_1^{(j)}\neq d_1^{(m)}$(任意 $m\neq j$)的 $d_1^{(j)}$，做空间分解 $Y=N(\boldsymbol{L}_0)\oplus R(\boldsymbol{L}_0)$ 和 $X=N(\boldsymbol{L}_0)\oplus X_1$，其中，

$$\boldsymbol{L}_0=\begin{pmatrix}d_1^{(j)}\dfrac{\partial^2}{\partial x^2}+f_0 & f_1\\ g_0 & d_2\dfrac{\partial^2}{\partial x^2}+g_1\end{pmatrix},$$

$$N(\boldsymbol{L}_0)=\operatorname{span}\{\boldsymbol{\Phi}_j\},\ \boldsymbol{\Phi}_j=\begin{pmatrix}a_j\\1\end{pmatrix}\phi_j,\ a_j=\frac{d_2\lambda_j-g_1}{g_0}<0$$

和 $X_1=X\cap R(\boldsymbol{L}_0)$. 定义 Y 上的投影算子 P 为 $P\boldsymbol{U}=\langle\boldsymbol{\Phi}_j^*,\boldsymbol{U}\rangle\boldsymbol{\Phi}_j$，其中，

$$\boldsymbol{\Phi}_j^*=\frac{1}{1+a_ja_j^*}\begin{pmatrix}a_j^*\\1\end{pmatrix}\phi_j,\ a_j^*=\frac{d_2\lambda_j-g_1}{f_1}>0.$$

于是，$Q=I-P$ 是 Y 到 $R(\boldsymbol{L}_0)$ 上的投影. 这导致系统(3.1.4)等价于

$$P\boldsymbol{F}(\boldsymbol{U},\lambda)=\boldsymbol{0},\ Q\boldsymbol{F}(\boldsymbol{U},\lambda)=\boldsymbol{0}.\tag{3.1.6}$$

根据空间分解，设 $\boldsymbol{U}\in X$ 形式为 $\boldsymbol{U}=s\boldsymbol{\Phi}_j+\boldsymbol{W}$，其中，$s\in\mathbb{R}$ 和 $\boldsymbol{W}\in X_1$. 根据隐函数定理，方程组(3.1.6)的第二个方程在原点附近存在唯一解 $\boldsymbol{W}(s,\lambda):=\boldsymbol{W}(s\boldsymbol{\Phi}_j,\lambda)$. 显然，有 $\boldsymbol{W}_s(0,0)=\boldsymbol{0}$, $\boldsymbol{W}(0,\lambda)\equiv\boldsymbol{0}$, 这意味着 $\boldsymbol{W}_\lambda(0,0)=\boldsymbol{W}_{\lambda\lambda}(0,0)=\cdots=\boldsymbol{0}$. 把 $\boldsymbol{W}(s,\lambda)$ 代入方程组(3.1.6)的第一个方程可得

$$P\boldsymbol{F}(s\boldsymbol{\Phi}_j+\boldsymbol{W}(s,\lambda),\lambda)=\boldsymbol{0}. \tag{3.1.7}$$

设 $\boldsymbol{L}=\boldsymbol{L}_0+\lambda\boldsymbol{M}$，其中，$\boldsymbol{M}=\begin{pmatrix}\dfrac{\partial^2}{\partial x^2} & 0\\ 0 & 0\end{pmatrix}$，于是根据投影 P 的定义，式(3.1.7)可化为

$$h(s,\lambda)=\langle\boldsymbol{\Phi}_j^*,\boldsymbol{H}(s\boldsymbol{\Phi}_j+\boldsymbol{W}(s,\lambda),\lambda)\rangle=0, \tag{3.1.8}$$

其中，$\boldsymbol{H}(\boldsymbol{U},\lambda):=\lambda\boldsymbol{MU}+\boldsymbol{N}(\boldsymbol{U})$. 因此式(3.1.8)的零点相应于系统(3.1.2)的单重分歧解. 显然，$\boldsymbol{H}(\boldsymbol{0},\lambda)=\boldsymbol{0}$，且在 $(0,0)$ 处的导数

$$\frac{\partial^2\boldsymbol{H}}{\partial s\partial\lambda}=\boldsymbol{M\Phi}_j,\ \frac{\partial^2\boldsymbol{H}}{\partial s^2}=\mathrm{d}^2\boldsymbol{N}(\boldsymbol{\Phi}_j^2),$$

$$\frac{\partial^3\boldsymbol{H}}{\partial s^3}=3\mathrm{d}^2\boldsymbol{N}(\boldsymbol{\Phi}_j,\boldsymbol{W}_{ss}(0,0))+\mathrm{d}^3\boldsymbol{N}(\boldsymbol{\Phi}_j^3),$$

其中，由式(3.1.5)得 $\boldsymbol{N}$ 的二阶和三阶 Fréchet 导数分别为

$$\mathrm{d}^2\boldsymbol{N}(\boldsymbol{\Phi}_i,\boldsymbol{\Phi}_n)=2\left(\delta(\Phi_{i1}\Phi_{n2}+\Phi_{i2}\Phi_{n1})+\frac{\delta}{k+\delta^2}\Phi_{i2}\Phi_{n2}\right)\begin{pmatrix}-1\\1\end{pmatrix}, \tag{3.1.9}$$

$$\mathrm{d}^3\boldsymbol{N}(\boldsymbol{\Phi}_i,\boldsymbol{\Phi}_m,\boldsymbol{\Phi}_n)=2(\Phi_{i1}\Phi_{m2}\Phi_{n2}+\Phi_{i2}\Phi_{m1}\Phi_{n2}+\Phi_{i2}\Phi_{m2}\Phi_{n1})\begin{pmatrix}-1\\1\end{pmatrix}. \tag{3.1.10}$$

由 $\boldsymbol{W}_s(0,0)=\boldsymbol{0}$ 可得 $h_s(0,0)=0$，由 $\boldsymbol{H}(\boldsymbol{0},\lambda)=\boldsymbol{0}$ 可得 $h_\lambda(0,0)=h_{\lambda\lambda}(0,0)=\cdots=0$.

根据方程组(3.1.6)的第二个方程，$\boldsymbol{W}$ 在 $(0,0)$ 处的二阶导数 $\boldsymbol{W}_{ss}$ 满足

$$\boldsymbol{L}_0\boldsymbol{W}_{ss}=-Q\mathrm{d}^2\boldsymbol{N}(\boldsymbol{\Phi}_j^2)=-e_j\left(\frac{1}{\sqrt{l}}\phi_0+\frac{1}{\sqrt{2l}}\phi_{2j}\right)\begin{pmatrix}-1\\1\end{pmatrix},$$

其中，

$$e_i = 2\left(2\delta a_i + \frac{\delta}{k+\delta^2}\right) = \frac{2\delta}{k+\delta^2}(2d_2\lambda_i - 2g_1 + 1).$$

令 $\boldsymbol{W}_{ss} = \sum_{i=0}^{\infty} \begin{pmatrix} a_i \\ b_i \end{pmatrix} \phi_i$，则有

$$\boldsymbol{L}_0 \boldsymbol{W}_{ss} = \sum_{i=0}^{\infty} \boldsymbol{B}_i \begin{pmatrix} a_i \\ b_i \end{pmatrix} \phi_i = -e_j \left(\frac{1}{\sqrt{l}}\phi_0 + \frac{1}{\sqrt{2l}}\phi_{2j}\right)\begin{pmatrix} -1 \\ 1 \end{pmatrix},$$

其中，

$$\boldsymbol{B}_i = \begin{pmatrix} f_0 - d_1^{(j)}\lambda_i & f_1 \\ g_0 & g_1 - d_2\lambda_i \end{pmatrix}. \tag{3.1.11}$$

因此可得

$$\boldsymbol{W}_{ss} = -\frac{e_j}{l}\left[\boldsymbol{B}_0^{-1}\begin{pmatrix} -1 \\ 1 \end{pmatrix} + \boldsymbol{B}_{2j}^{-1}\begin{pmatrix} -1 \\ 1 \end{pmatrix}\cos\frac{2\pi j}{l}x\right].$$

此时，$\boldsymbol{B}_i^{-1} = \dfrac{\boldsymbol{B}_i^*}{|\boldsymbol{B}_i|}$，且 $|\boldsymbol{B}_i| = \dfrac{(\lambda_j - \lambda_i)[g_1 - d_2(\lambda_j + \lambda_i + d_2\lambda_j\lambda_i)]}{\lambda_j(g_1 - d_2\lambda_j)} g_0$.

特别地，$|\boldsymbol{B}_0| = g_0$. 所以，

$$\boldsymbol{W}_{ss} = -\frac{e_j}{lg_0}\left[\begin{pmatrix} 1 \\ 0 \end{pmatrix} + \frac{g_1 - d_2\lambda_j}{3[g_1 - d_2\lambda_j(5 + 4d_2\lambda_j)]}\begin{pmatrix} -d_2\lambda_{2j} - 1 \\ d_1^{(j)}\lambda_{2j} \end{pmatrix}\cos\frac{2\pi j}{l}x\right]. \tag{3.1.12}$$

结合式(3.1.9)，式(3.1.10)和式(3.1.12)可知

$$h_{\lambda s}(0,0) = \langle \boldsymbol{\Phi}_j^*, \boldsymbol{M}\boldsymbol{\Phi}_j \rangle = \frac{-\lambda_j a_j a_j^*}{1 + a_j a_j^*} > 0,$$

$$h_{ss}(0,0) = h_s^{(4)}(0,0) = 0,$$

$$\begin{aligned} h_{sss}(0,0) &= \left\langle \boldsymbol{\Phi}_j^*, \frac{1}{2}\mathrm{d}^2\boldsymbol{N}(\boldsymbol{\Phi}_j, \boldsymbol{W}_{ss}) + \frac{1}{3!}\mathrm{d}^3\boldsymbol{N}(\boldsymbol{\Phi}_j^3)\right\rangle \\ &= \frac{1 - a_j^*}{2lg_0(1 + a_j a_j^*)}\left\{3(d_2\lambda_j - g_1) - \frac{(g_1 + 1)(2d_2\lambda_j - 2g_1 + 1)}{3[g_1 - d_2\lambda_j(5 + 4d_2\lambda_j)]}\right. \\ &\quad \left.\times [g_1 - d_2\lambda_j(21 + 8g_1 + 16d_2\lambda_j) + 4]\right\}. \end{aligned}$$

因此，当 $h_{sss}(0,0)\neq 0$ 时，根据文献[106]和附录中定义 B.2.1，约化方程(3.1.8)等价于 $g(s,\lambda)=\operatorname{sgn}(h_{sss}(0,0))s^3+\lambda s$，则系统(3.1.2)对于每个分歧点发生叉形分歧. 具体地，当 $h_{sss}(0,0)>0$ 时发生次临界分歧，而当 $h_{sss}(0,0)<0$ 时发生超临界分歧，如图 3.1 所示. 若 $h_{sss}(0,0)<0(>0)$，则系统(3.1.2)当 $\lambda>0(<0)$ 时有两个非常数平衡解，而当 $\lambda<0(>0)$ 时没有非常数解. 若 $h_{sss}(0,0)=0$，则当 $h_s^{(5)}(0,0)\neq 0$(其计算繁琐,在此忽略)时，在 $(0,0)$ 处附近有同 $h_{sss}(0,0)\neq 0$ 相类似的结果.

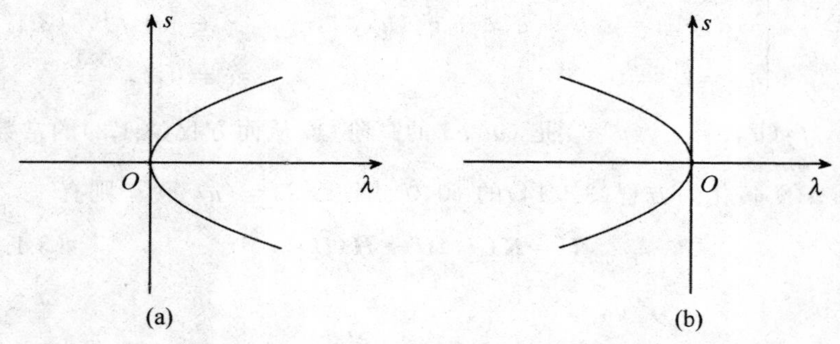

图 3.1 $g(s,\lambda)=0$ 在 $(s,\lambda)=(0,0)$ 处的局部分歧图.

(a) $g(s,\lambda)=s^3+\lambda s$；(b) $g(s,\lambda)=-s^3+\lambda s$

定理 3.1.1 假设条件(C)成立，正整数 j 满足 $\lambda_j<\dfrac{g_1}{d_2}$，且对于任意正整数 m，当 $m\neq j$ 时 $d_1^{(m)}\neq d_1^{(j)}$，则 $(\boldsymbol{U}^*,0)$ 是 $\boldsymbol{F}(\boldsymbol{U},\lambda)=\boldsymbol{0}$ 关于曲线 $(\boldsymbol{U}^*,\lambda)$ 的分歧点，方程(3.1.2)的解形如

$$\begin{pmatrix}u\\v\end{pmatrix}=\begin{pmatrix}u^*\\v^*\end{pmatrix}+s\begin{pmatrix}a_j\\1\end{pmatrix}\phi_j+\boldsymbol{W}(s,\lambda) \tag{3.1.13}$$

其中，$\boldsymbol{W}(s,\lambda)$ 满足 $\boldsymbol{W}_s(0,0)=\boldsymbol{0}$，$\boldsymbol{W}(0,\lambda)=\boldsymbol{0}$，$\boldsymbol{W}_\lambda(0,0)=\boldsymbol{W}_{\lambda\lambda}(0,0)=\cdots=\boldsymbol{0}$.

注 3.1.1 根据文献[107]，由 $h_{ss}(0,0)=0$ 可知，由式(3.1.8)决定的 $\lambda(s)$ 的导数 $\lambda'_s(0)=0$.

注 3.1.2　系统(3.1.2)非常数正解的个数由 $h(s,\lambda)=0$ 的零点个数决定.

定理 3.1.2　(1) 在定理 3.1.1 的假设下，由 $(\boldsymbol{U}^*,0)$ 产生的局部分歧曲线可延拓成整体分歧曲线，且该曲线随 d_1, v 趋于无穷.

(2) 若 $d_1>\min\left\{d_1^{(j)}:\lambda_j<\dfrac{g_1}{d_2}\right\}$，且 $d_1 \notin \left\{d_1^{(j)}:\lambda_j<\dfrac{g_1}{d_2}\right\}$，则方程(3.1.2)至少存在一个非常数正解.

证明　令 $\tilde{u}=u-u^*$，$\tilde{v}=v-v^*$，则方程(3.1.2)可转化为

$$\begin{cases}-d_1\tilde{u}_{xx}=f_0\tilde{u}+f_1\tilde{v}+f_2(\tilde{u},\tilde{v}), & x\in(0,l),\\ -d_2\tilde{v}_{xx}=g_0\tilde{u}+g_1\tilde{v}+g_2(\tilde{u},\tilde{v}), & x\in(0,l),\\ \tilde{u}_x=\tilde{v}_x=0, & x=0,l,\end{cases} \tag{3.1.14}$$

其中，$f_2(\tilde{u},\tilde{v})$，$g_2(\tilde{u},\tilde{v})$ 是 $(\tilde{u},\tilde{v})$ 的高阶量. 从而方程(3.1.2)的常数解 (u^*,v^*) 转化为方程(3.1.14)的 $(0,0)$ 解. 令 $\widetilde{\boldsymbol{U}}=(\tilde{u},\tilde{v})^{\mathrm{T}}$，则有

$$\widetilde{\boldsymbol{U}}=\boldsymbol{K}(d_1)\widetilde{\boldsymbol{U}}+\boldsymbol{H}(\widetilde{\boldsymbol{U}}), \tag{3.1.15}$$

其中，

$$\boldsymbol{K}(d_1)=\begin{pmatrix}0 & f_1(-d_1\Delta-f_0)^{-1}\\ g_0(-d_2\Delta+1)^{-1} & (g_1+1)(-d_2\Delta+1)^{-1}\end{pmatrix},$$

$$\boldsymbol{H}(\widetilde{\boldsymbol{U}})=\begin{pmatrix}(-d_1\Delta-f_0)^{-1}f_2(\tilde{u},\tilde{v})\\ (-d_2\Delta+1)^{-1}g_2(\tilde{u},\tilde{v})\end{pmatrix},\ \Delta=\frac{\partial^2}{\partial^2 x}.$$

于是，$\boldsymbol{K}(d_1)$ 是 X 的线性紧算子，$\boldsymbol{H}(\widetilde{\boldsymbol{U}})$ 是 X 上的紧算子且在 $(0,0)$ 附近及 d_1 的闭子区间上一致成立 $\boldsymbol{H}(\widetilde{\boldsymbol{U}})=o(\|\widetilde{\boldsymbol{U}}\|)$.

易知，$N(\boldsymbol{K}(d_1^{(j)})-\boldsymbol{I})=N(\boldsymbol{L}_0)=\mathrm{span}\{\boldsymbol{\Phi}_j\}$，即 1 是 $\boldsymbol{K}(d_1^{(j)})$ 的特征值. 若在 $d_1^{(j)}$ 的小邻域内 $d_1\neq d_1^{(j)}$ 和 $d_1>0$，则 $\boldsymbol{I}-\boldsymbol{K}(d_1)$ 是双射，$(0,0)$ 是式(3.1.15)的孤立零点. 从而 $\boldsymbol{I}-\boldsymbol{K}(d_1)-\boldsymbol{H}$ 的零点指标为

$$\begin{aligned}&\mathrm{index}(\boldsymbol{I}-\boldsymbol{K}(d_1)-\boldsymbol{H},(d_1,(0,0)))\\ &=\deg(\boldsymbol{I}-\boldsymbol{K}(d_1),B,(0,0))=(-1)^p,\end{aligned}$$

其中，B 是以 $(0,0)$ 为球心的充分小的球，p 为 $K(d_1)$ 所有大于 1 的特

征值的代数重数之和.

设 μ 是 $\boldsymbol{K}(d_1)$ 的特征值，相应的特征函数为 $(\phi(x),\psi(x))$，则有

$$-d_1\mu\phi_{xx}=f_0\mu\phi+f_1\psi,\quad -d_2\mu\psi_{xx}=g_0\phi+(g_1-\mu+1)\psi.$$

令 $\phi=\sum_{i=0}^{\infty}a_i\phi_i$，$\psi=\sum_{i=0}^{\infty}b_i\phi_i$，则有

$$\sum_{i=0}^{\infty}\begin{pmatrix}f_0\mu-d_1\mu\lambda_i & f_1\\ g_0 & g_1+1-\mu-d_2\mu\lambda_i\end{pmatrix}\begin{pmatrix}a_i\\ b_i\end{pmatrix}\phi_i=\mathbf{0}.$$

所以，$\boldsymbol{K}(d_1)$ 的所有特征值等价于所有 $i\geqslant 0$，特征方程

$$(f_0-d_1\lambda_i)(-1-d_2\lambda_i)\mu^2+(f_0-d_1\lambda_i)(g_1+1)\mu-f_1g_0=0 \tag{3.1.16}$$

对应的根. 当 $d_1=d_1^{(j)}$ 时，$\mu=1$ 为式(3.1.16)的一个根，计算可得 $d_1^{(j)}=d_1^{(i)}$，从而 $j=i$. 所以当 $i\neq j$ 时，对于 $d_1^{(j)}$ 附近的 d_1，$\boldsymbol{K}(d_1)$ 大于 1 的特征值的数量相同，并且具有相同的代数重数. 当 $i=j$ 时，式(3.1.16)的两个根为

$$\mu(d_1^{(j)})=1,\ \tilde{\mu}(d_1^{(j)})<1.$$

从而当 d_1 在 $d_1^{(j)}$ 附近时，$\tilde{\mu}(d_1)<1$. 因为 $\mu(d_1)$ 关于 d_1 是单调递增的，所以，

$$\mu(d_1^{(j)}+\varepsilon)>1,\ \mu(d_1^{(j)}-\varepsilon)<1.$$

所以，$\boldsymbol{K}(d_1^{(j)}+\varepsilon)$ 比 $\boldsymbol{K}(d_1^{(j)}-\varepsilon)$ 多一个大于 1 的特征值，记为 $\mu(d_1^{(j)}+\varepsilon)$.

为方便起见，记 $d_1^{(j)}+\varepsilon=\hat{d}_1$，$\mu(d_1^{(j)}+\varepsilon)=\hat{\mu}$，$\boldsymbol{K}(d_1^{(j)}+\varepsilon)=\hat{\boldsymbol{K}}$. 易证得

$$N(\hat{\boldsymbol{K}}-\hat{\mu}\boldsymbol{I})=\begin{pmatrix}(1+d_2\lambda_j)\hat{\mu}-(g_1+1)\\ g_0\end{pmatrix}\phi_j.$$

记 $\hat{\boldsymbol{K}}$ 的伴随算子

$$\hat{\boldsymbol{K}}^*=\begin{pmatrix}0 & g_0(-d_2\Delta+1)^{-1}\\ f_1(\hat{d}_1\Delta-f_0)^{-1} & (g_1+1)(-d_2\Delta+1)^{-1}\end{pmatrix}.$$

设 $(\phi,\psi)\in N(\hat{\boldsymbol{K}}^*-\hat{\mu}\boldsymbol{I})$，则有

$$-d_2\hat{\mu}\phi_{xx}=-\hat{\mu}\phi+g_0\psi,\quad -\hat{d}_1d_2g_0\hat{\mu}\psi_{xx}=f_\phi\phi+f_\psi\psi,$$

其中，

$f_\phi = d_2 f_1 g_0 - (\hat{d}_1 + d_2 f_0)(g_1 + 1)\hat{\mu}$，$f_\psi = d_2 f_0 g_0 \hat{\mu} + \hat{d}_1 g_0 (g_1 + 1)$.

令 $\phi = \sum_{i=0}^{\infty} a_i \phi_i$，$\psi = \sum_{i=0}^{\infty} b_i \phi_i$，得

$$\sum_{i=0}^{\infty} \boldsymbol{B}_i^* \begin{pmatrix} a_i \\ b_i \end{pmatrix} \phi_i = \boldsymbol{0},$$

其中，

$$\boldsymbol{B}_i^* = \begin{pmatrix} -\hat{\mu} - d_2 \hat{\mu} \lambda_i & g_0 \\ f_\phi & f_\psi - \hat{d}_1 d_2 g_0 \hat{\mu} \lambda_i \end{pmatrix}.$$

由于 $\det \boldsymbol{B}_i^* = d_2 g_0 \det \boldsymbol{B}_i$，同样可证

$$N(\hat{\boldsymbol{K}}^* - \hat{\mu}\boldsymbol{I}) = \begin{pmatrix} g_0 \\ (1 + d_2 \lambda_j)\hat{\mu} \end{pmatrix} \phi_j.$$

进而由 $0 < g_1 < 1$ 可得

$$\begin{aligned} & g_0[(1 + d_2 \lambda_j)\hat{\mu} - (g_1 + 1) + (1 + d_2 \lambda_j)\hat{\mu}] \\ = & g_0[2 d_2 \lambda_j + 2\hat{\mu} - (g_1 + 1)] > 0, \end{aligned}$$

这表明 $N(\hat{\boldsymbol{K}} - \hat{\mu}\boldsymbol{I}) \cap (N(\hat{\boldsymbol{K}}^* - \hat{\mu}\boldsymbol{I}))^\perp = \{\boldsymbol{0}\}$. 即 $N(\hat{\boldsymbol{K}} - \hat{\mu}\boldsymbol{I}) \cap R(\hat{\boldsymbol{K}}^* - \hat{\mu}\boldsymbol{I}) = \{\boldsymbol{0}\}$. 所以，当 $i = j$ 时，$\hat{\mu}$ 是 $\hat{\boldsymbol{K}}$ 的代数重数为 1 的特征值. 从而

$$\begin{aligned} & \operatorname{index}(\boldsymbol{I} - \boldsymbol{K}(d_1^{(j)} - \varepsilon) - \boldsymbol{H}, ((0,0), d_1^{(j)} - \varepsilon)) \\ \neq & \operatorname{index}(\boldsymbol{I} - \boldsymbol{K}(d_1^{(j)} + \varepsilon) - \boldsymbol{H}, ((0,0), d_1^{(j)} + \varepsilon)). \end{aligned}$$

因此，由 $((0,0), d_1^{(j)})$ 产生的局部分歧可以延拓成整体分歧 Γ_j.

利用全局分歧理论定理 B.1.2(见附录)知，Γ_j 要么在 $\mathbb{R} \times X$ 中延伸到无穷，要么连接 $((0,0), d_1^{(k)})$，其中，$k \neq j$ 时 $d_1^{(k)} > 0$. 下面证明第一种情况.

若 Γ_j 有界，则其是紧的且连接其他分歧点. 设 k 满足 Γ_j 连接 $d_1^{(k)}$，但不连接 $d_1^{(i)} (i > k)$. 现考虑方程

$$\begin{cases} -d_1 \tilde{u}_{xx} = f_0 \tilde{u} + f_1 \tilde{v} + f_2(\tilde{u}, \tilde{v}), & x \in (0, l/k), \\ -d_2 \tilde{v}_{xx} = g_0 \tilde{u} + g_1 \tilde{v} + g_2(\tilde{u}, \tilde{v}), & x \in (0, l/k), \\ \tilde{u}_x = \tilde{v}_x = 0, & x \in 0, l/k. \end{cases} \tag{3.1.17}$$

设 $\bar{U}$ 是方程(3.1.17)的解，将其延拓为方程(3.1.14)的解

$$U(x)=\begin{cases}\bar{U}(x-x_{2n}), & x_{2n}\leqslant x\leqslant x_{2n+1},\\ \bar{U}(x_{2n+2}-x), & x_{2n+1}\leqslant x\leqslant x_{2n+2}.\end{cases}$$

易得 $((0,0),d_1^{(k)})$ 是方程(3.1.17)的分歧点. 同理可证方程(3.1.17)的分歧曲线 $\bar{\Gamma}_k$ 要么延伸到无穷，要么连接 $((0,0),d_1^{(k')}),k'>k$. 若第二种情况发生，则这与 k 的定义矛盾，所以 $\bar{\Gamma}_k$ 延伸到无穷. 因此 Γ_j 延伸到无穷. 而由定理 2.1.1 知，u 是有界的，所以 Γ_j 随 d_1,v 趋于无穷. □

3.2 双重分歧

当存在某个 j 使得 $d_1^{(j)}=d_1^{(m)},m\neq j$ 时，定理 3.1.1 的条件不满足. 本节讨论方程(3.1.2) $d_1^{(j)}$ 满足 $d_1^{(j)}=d_1^{(m)}(m\neq j)$ 相应的分歧解.

可以证实，对于某个 $j\neq m$，$d_1^{(j)}=d_1^{(m)}$ 当且仅当

$$d_2=\frac{\sqrt{(\lambda_i+\lambda_m)^2+4g_1\lambda_j\lambda_m}-(\lambda_j+\lambda_m)}{2\lambda_j\lambda_m}. \tag{3.2.1}$$

本节总假设式(3.2.1)成立，这导致 $d_1^{(j)}=d_1^{(m)}=\dfrac{g_0}{d_2\lambda_j\lambda_m}$，$g_1-d_2\lambda_j=d_2\lambda_m(1+d_2\lambda_j)$，$g_1-d_2\lambda_m=d_2\lambda_j(1+d_2\lambda_m)$. 不失一般性，对于 $j\neq m$ 时 $d_1^{(j)}=d_1^{(m)}$，总假设 $j<m$.

基于 $j\neq m$ 时 $d_1^{(j)}=d_1^{(m)}$ 可得

$$N(\boldsymbol{L}_0)=\operatorname{span}\{\boldsymbol{\Phi}_j,\boldsymbol{\Phi}_m\},\ N(\boldsymbol{L}_0^*)=\operatorname{span}\{\boldsymbol{\Phi}_j^*,\boldsymbol{\Phi}_m^*\}, \tag{3.2.2}$$

其中，

$$\boldsymbol{\Phi}_i=\begin{pmatrix}a_i\\1\end{pmatrix}\phi_i,\ a_i=\frac{d_2\lambda_i-g_1}{g_0}<0$$

$$\boldsymbol{\Phi}_i^*=\frac{1}{1+a_ia_i^*}\begin{pmatrix}a_i^*\\1\end{pmatrix}\phi_i,\ a_i^*=\frac{d_2\lambda_i-g_1}{f_1}>0,\ i=j,m,$$

其正规化满足 $\langle\boldsymbol{\Phi}_i,\boldsymbol{\Phi}_n^*\rangle=\delta_{in},i,n=j,m$. 容易验证 $1+a_ia_i^*>0$，$1-a_i^*>0$，$i=j,m$.

设空间分解 $Y = N(\boldsymbol{L}_0) \oplus R(\boldsymbol{L}_0)$ 和 $X = N(\boldsymbol{L}_0) \oplus X_1$，其中，$N(\boldsymbol{L}_0)$ 由式(3.2.2)给出，$X_1 = X \cap R(\boldsymbol{L}_0)$. 定义 Y 上算子 P 为

$$\boldsymbol{PU} = \langle \boldsymbol{\Phi}_j^*, \boldsymbol{U} \rangle \boldsymbol{\Phi}_j + \langle \boldsymbol{\Phi}_m^*, \boldsymbol{U} \rangle \boldsymbol{\Phi}_m,\ \boldsymbol{U} \in Y,$$

则 $R(P) = N(\boldsymbol{L}_0)$. 易证 $P^2 = P$，这意味着算子 P 是 Y 到 $N(\boldsymbol{L}_0)$ 的投影. 故 $Q = I - P$ 是 Y 到 $R(\boldsymbol{L}_0)$ 上的投影. 于是系统(3.1.4)等价于

$$\boldsymbol{PF}(\boldsymbol{U},\lambda) = \boldsymbol{0},\ \boldsymbol{QF}(\boldsymbol{U},\lambda) = \boldsymbol{0}. \tag{3.2.3}$$

根据空间 X 的分解，记 $\boldsymbol{U} = s\boldsymbol{\Phi}_j + \tau\boldsymbol{\Phi}_m + \boldsymbol{W} \in X$，其中，$(s,\tau) \in \mathbb{R}^2$，$\boldsymbol{W} \in X_1$. 对于方程组(3.2.3)的第二个方程，运用隐函数定理可知，在原点附近存在唯一的光滑函数 $\boldsymbol{W}(s,\tau,\lambda) := \boldsymbol{W}(s\boldsymbol{\Phi}_j + \tau\boldsymbol{\Phi}_m, \lambda)$ 使得 $\boldsymbol{W}(0,0,0) = \boldsymbol{0}$，并且 $\boldsymbol{QF}(s\boldsymbol{\Phi}_j + \tau\boldsymbol{\Phi}_m + \boldsymbol{W}(s,\tau,\lambda),\lambda) = \boldsymbol{0}$. 易得 $\boldsymbol{W}(0,0,\lambda) \equiv \boldsymbol{0}$，则

$$\boldsymbol{W}_\lambda(0,0,0) = \boldsymbol{W}_{\lambda\lambda}(0,0,0) = \cdots = \boldsymbol{0}.$$

把 $\boldsymbol{W}(s,\tau,\lambda)$ 代入方程组(3.2.3)的第一个方程可得

$$\boldsymbol{PF}(s\boldsymbol{\Phi}_j + \tau\boldsymbol{\Phi}_m + \boldsymbol{W}(s,\tau,\lambda),\lambda) = \boldsymbol{0}.$$

则根据 P 的定义，系统(3.1.4)的解一一对应于下面约化方程的零点：

$$\begin{pmatrix} \zeta(s,\tau,\lambda) \\ \vartheta(s,\tau,\lambda) \end{pmatrix} := \begin{pmatrix} \langle \boldsymbol{\Phi}_j^*, \boldsymbol{H}(s\boldsymbol{\Phi}_j + \tau\boldsymbol{\Phi}_m + \boldsymbol{W}(s,\tau,\lambda),\lambda) \rangle \\ \langle \boldsymbol{\Phi}_m^*, \boldsymbol{H}(s\boldsymbol{\Phi}_j + \tau\boldsymbol{\Phi}_m + \boldsymbol{W}(s,\tau,\lambda),\lambda) \rangle \end{pmatrix} = \boldsymbol{0}. \tag{3.2.4}$$

根据文献[108]知，带齐次 Neumann 边界条件的系统(3.1.4)具有对称结构，即上边的约化形式可写为

$$\begin{pmatrix} \zeta(s,\tau,\lambda) \\ \vartheta(s,\tau,\lambda) \end{pmatrix} = \begin{pmatrix} sa(\bar{s},\bar{\tau},\lambda) + s^{m-1}\tau^j b(\bar{s},\bar{\tau},\lambda) \\ \tau c(\bar{s},\bar{\tau},\lambda) + s^m \tau^{j-1} d(\bar{s},\bar{\tau},\lambda) \end{pmatrix},\ \bar{s} = s^2, \bar{\tau} = \tau^2. \tag{3.2.5}$$

因此，当 s,τ,λ 由式(3.2.5)可解时，系统(3.1.4)的解可表示为 $\boldsymbol{U} = s\boldsymbol{\Phi}_j + \tau\boldsymbol{\Phi}_m + \boldsymbol{W}(s\boldsymbol{\Phi}_j + \tau\boldsymbol{\Phi}_m, \lambda)$. 根据附录定义 B.2.2，利用等价性讨论式(3.2.5)的可解性.

由于 $\boldsymbol{H}(\boldsymbol{0},\lambda) = \boldsymbol{0}$，易得 $\zeta_{00n} = \vartheta_{00n} = 0$，$n = 1,2,\cdots$. 显然，$\boldsymbol{W}_s(0,0,0) = \boldsymbol{0}$ 和 $\boldsymbol{W}_\tau(0,0,0) = \boldsymbol{0}$，这导致 $\zeta_{100} = \vartheta_{100} = \zeta_{010} = \vartheta_{010} = 0$.

直接计算可知，$\boldsymbol{H}$ 在原点处的二阶和三阶导数为

$$\frac{\partial^2 \boldsymbol{H}}{\partial s_i \partial \lambda}=\boldsymbol{M\Phi}_i,\ \frac{\partial^2 \boldsymbol{H}}{\partial s_i \partial s_n}=\mathrm{d}^2\boldsymbol{N}(\boldsymbol{\Phi}_i,\boldsymbol{\Phi}_n),\ i,n=j,m,$$

$$\boldsymbol{H}_{300}=\frac{1}{2}\mathrm{d}^2\boldsymbol{N}(\boldsymbol{\Phi}_j,\boldsymbol{W}_{ss})+\frac{1}{3!}\mathrm{d}^3\boldsymbol{N}(\boldsymbol{\Phi}_j^3),$$

$$\boldsymbol{H}_{030}=\frac{1}{2}\mathrm{d}^2\boldsymbol{N}(\boldsymbol{\Phi}_m,\boldsymbol{W}_{\tau\tau})+\frac{1}{3!}\mathrm{d}^3\boldsymbol{N}(\boldsymbol{\Phi}_m^3),$$

$$\boldsymbol{H}_{120}=\frac{1}{2}\mathrm{d}^2\boldsymbol{N}(\boldsymbol{\Phi}_j,\boldsymbol{W}_{\tau\tau})+\mathrm{d}^2\boldsymbol{N}(\boldsymbol{\Phi}_m,\boldsymbol{W}_{s\tau})+\frac{1}{2}\mathrm{d}^3\boldsymbol{N}(\boldsymbol{\Phi}_j,\boldsymbol{\Phi}_m^2),$$

$$\boldsymbol{H}_{210}=\frac{1}{2}\mathrm{d}^2\boldsymbol{N}(\boldsymbol{\Phi}_m,\boldsymbol{W}_{ss})+\mathrm{d}^2\boldsymbol{N}(\boldsymbol{\Phi}_j,\boldsymbol{W}_{s\tau})+\frac{1}{2}\mathrm{d}^3\boldsymbol{N}(\boldsymbol{\Phi}_j^2,\boldsymbol{\Phi}_m),$$

(3.2.6)

其中，$s_j=s$，$s_m=\tau$，$\boldsymbol{H}_{ijk}=\frac{1}{i!\ j!\ k!}\frac{\partial^{i+j+k}\boldsymbol{H}(\boldsymbol{0},0)}{\partial s^i\partial\tau^j\partial\lambda^k}$. 根据式(3.2.4)～(3.2.6)可得，

$$a_{001}=\langle\boldsymbol{\Phi}_j^*,\boldsymbol{M\Phi}_j\rangle=\frac{-\lambda_j a_j a_j^*}{1+a_j a_j^*}>0,$$

$$c_{001}=\langle\boldsymbol{\Phi}_m^*,\boldsymbol{M\Phi}_m\rangle=\frac{-\lambda_m a_m a_m^*}{1+a_m a_m^*}>0.$$

结合式(3.2.4)和式(3.2.5)可知，

$$c_{010}=\langle\boldsymbol{\Phi}_m^*,\boldsymbol{H}_{030}\rangle=\langle\boldsymbol{\Phi}_m^*,\frac{1}{2}\mathrm{d}^2\boldsymbol{N}(\boldsymbol{\Phi}_m,\boldsymbol{W}_{\tau\tau})\rangle+\langle\boldsymbol{\Phi}_m^*,\frac{1}{3!}\mathrm{d}^3\boldsymbol{N}(\boldsymbol{\Phi}_m^3)\rangle.$$

(3.2.7)

根据方程组(3.2.3)的第二个方程，$\boldsymbol{W}$ 在原点处的二阶导数 $\boldsymbol{W}_{\tau\tau}$ 满足

$$\boldsymbol{L}_0\boldsymbol{W}_{\tau\tau}=-Q\mathrm{d}^2\boldsymbol{N}(\boldsymbol{\Phi}_m^2)=-e_m\left(\frac{1}{\sqrt{l}}\phi_0+\frac{1}{\sqrt{2l}}\phi_{2m}\right)\begin{pmatrix}-1\\1\end{pmatrix}.$$

令 $\boldsymbol{W}_{\tau\tau}=\sum_{i=0}^{\infty}\begin{pmatrix}a_i\\b_i\end{pmatrix}\phi_i$，则有

$$\boldsymbol{L}_0\boldsymbol{W}_{\tau\tau}=\sum_{i=0}^{\infty}\boldsymbol{B}_i\begin{pmatrix}a_i\\b_i\end{pmatrix}\phi_i=-e_m\left(\frac{1}{\sqrt{l}}\phi_0+\frac{1}{\sqrt{2l}}\phi_{2m}\right)\begin{pmatrix}-1\\1\end{pmatrix},$$

其中，$\boldsymbol{B}_i$ 由式(3.1.11)给出. 因此可得

$$\boldsymbol{W}_{\tau\tau}=-e_m\left(\frac{1}{\sqrt{l}}\boldsymbol{B}_0^{-1}\begin{pmatrix}-1\\1\end{pmatrix}\phi_0+\frac{1}{\sqrt{2l}}\boldsymbol{B}_{2m}^{-1}\begin{pmatrix}-1\\1\end{pmatrix}\phi_{2m}\right)$$

$$=-\frac{e_m}{l}\left(\boldsymbol{B}_0^{-1}\begin{pmatrix}-1\\1\end{pmatrix}+\boldsymbol{B}_{2m}^{-1}\begin{pmatrix}-1\\1\end{pmatrix}\cos\frac{2\pi m}{l}x\right),$$

其中，$\boldsymbol{B}_i^{-1}=\dfrac{\boldsymbol{B}_i^*}{|\boldsymbol{B}_i|}$. 容易验证

$$|\boldsymbol{B}_i|=\frac{(\lambda_j-\lambda_i)(\lambda_m-\lambda_i)}{\lambda_j\lambda_m}g_0.$$

特别地，$|\boldsymbol{B}_0|=g_0$. 考虑到 $f_0+g_0=0$，$f_1+g_1=-1$，则

$$\boldsymbol{W}_{\tau\tau}=-\frac{e_m}{lg_0}\left[\begin{pmatrix}1\\0\end{pmatrix}+\frac{\lambda_j}{3(\lambda_{2m}-\lambda_j)}\begin{pmatrix}1+d_2\lambda_{2m}\\-d_1^{(j)}\lambda_{2m}\end{pmatrix}\cos\frac{2\pi m}{l}x\right]. \tag{3.2.8}$$

结合式(3.2.7)和式(3.2.8)，c_{010} 的第一项和第二项分别为

$$c_{010}^1=\frac{-\hat{e}_m(1-a_m^*)\Gamma_{j,2m}}{2lg_0(1+a_ma_m^*)},\quad c_{010}^2=\frac{3a_m(1-a_m^*)}{2l(1+a_ma_m^*)},$$

其中，$\hat{e}_i=e_i\delta=(g_1+1)(2d_2\lambda_i-2g_1+1)$，$\Gamma_{i,n}=\dfrac{\lambda_i-6\lambda_n-2d_2\lambda_i\lambda_n+\dfrac{4}{d_2}}{3(\lambda_i-\lambda_n)}$.

因此可得

$$c_{010}=c_{010}^1+c_{010}^2=\frac{(1-a_m^*)C_0}{2lg_0(1+a_ma_m^*)},$$

其中，$C_0=3(d_2\lambda_m-g_1)-\hat{e}_m\Gamma_{j,2m}$.

3.2.1　$(j,m)=(1,2)$的情形

若 $(j,m)=(1,2)$，则式(3.2.1)可化为

$$d_2=\frac{\sqrt{25+16g_1}-5}{8\lambda_1}.$$

由式(3.2.1)知，$(j,m)=(1,2)$ 对应的 d_2 和 j,m 取任意其他的一对值对应的 d_2 是不同的，即 $\{d_1^{(i)},i=1,2,\cdots,\Lambda\}$ (Λ 为 i 满足 $\lambda_i<\dfrac{g_1}{d_2}$ 的最大

整数)中，两个以上的量必不相等，而且有且仅有两个量相等，即只有 $d_1^{(1)}=d_1^{(2)}$.

根据文献[108]，若 $a_{001}c_{001}b_0d_0c_{010}\neq 0$，则约化方程(3.2.5)等价于规范形

$$\begin{pmatrix} -s(\tau+\varepsilon_1\lambda) \\ \tau(\varepsilon_3\tau^2+\varepsilon_4\lambda)+\varepsilon_2 s^2 \end{pmatrix}, \tag{3.2.9}$$

其中，

$$\varepsilon_1=-\operatorname{sgn}a_{001},\ \varepsilon_2=-\operatorname{sgn}(b_0d_0),\ \varepsilon_3=\operatorname{sgn}c_{010},\ \varepsilon_4=\operatorname{sgn}c_{001}.$$

计算可得

$$a_{001}=\langle \boldsymbol{\Phi}_1^*,\boldsymbol{M}\boldsymbol{\Phi}_1\rangle=\frac{-\lambda_1a_1a_1^*}{1+a_1a_1^*}>0,$$

$$c_{001}=\langle \boldsymbol{\Phi}_2^*,\boldsymbol{M}\boldsymbol{\Phi}_2\rangle=\frac{-\lambda_2a_2a_2^*}{1+a_2a_2^*}>0,$$

$$b_0=\langle \boldsymbol{\Phi}_1^*,\mathrm{d}^2\boldsymbol{N}(\boldsymbol{\Phi}_1,\boldsymbol{\Phi}_2)\rangle=\frac{(1-a_1^*)(e_1+e_2)}{2\sqrt{2l}(1+a_1a_1^*)},$$

$$d_0=\frac{1}{2}\langle \boldsymbol{\Phi}_2^*,\mathrm{d}^2\boldsymbol{N}(\boldsymbol{\Phi}_1^2)\rangle=\frac{(1-a_2^*)e_1}{2\sqrt{2l}(1+a_2a_2^*)},$$

$$c_{010}=\frac{(1-a_2^*)C}{2lg_0(1+a_2a_2^*)}, \tag{3.2.10}$$

其中，

$$C=(\sqrt{25+16g_1}-2g_1-4)\left\{\frac{3}{2}+\frac{g_1+1}{45}\left[\left(\frac{2}{g_1}-4\right)\sqrt{25+16g_1}-75+\frac{10}{g_1}\right]\right\}-\frac{3}{2}.$$

再结合 $a_{001}>0$ 和 $c_{001}>0$ 可知，约化问题(3.2.9)中的 $\varepsilon_1=-1,\varepsilon_4=1$. 显然易知 $g_1<1$. 根据式(3.2.10)知，$b_0=0,d_0=0$ 和 $c_{010}=0$ 分别等价于 $e_1+e_2=0$, $e_1=0$ 和 $C=0$，即 $g_1=\frac{5\sqrt{57}-9}{32}<1$, $g_1=\sqrt{\frac{3}{8}}<1$ 和 $g_1=\hat{c}$ (见图 3.2).

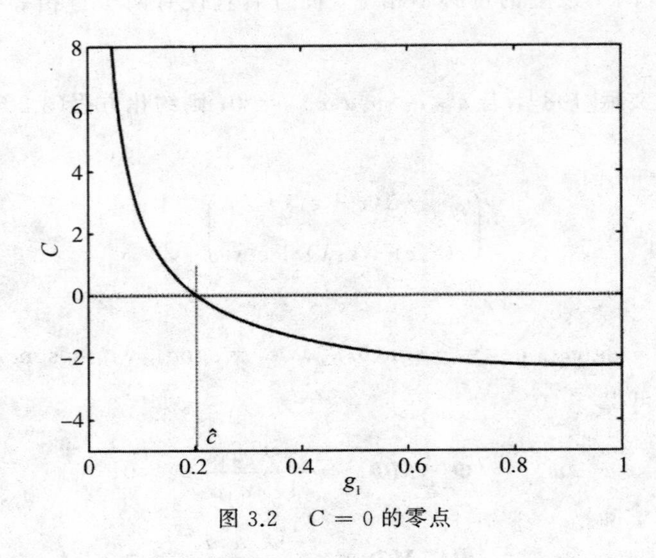

图 3.2　$C=0$ 的零点

定理 3.2.1　若 $g_1 \neq \frac{5\sqrt{57}-9}{32}$，$g_1 \neq \sqrt{\frac{3}{8}}$ 和 $g_1 \neq \hat{c}$，则约化问题(3.2.5)等价于规范形

$$\begin{cases} -s(\tau-\lambda)=0, \\ \tau(\varepsilon_3\tau^2+\lambda)+\varepsilon_2 s^2=0, \end{cases}$$

其中，$\varepsilon_2=\begin{cases} -1, g_1 \in \left(0,\sqrt{\frac{3}{8}}\right) \cup \left(\frac{5\sqrt{57}-9}{32},1\right), \\ +1, g_1 \in \left(\sqrt{\frac{3}{8}},\frac{5\sqrt{57}-9}{32}\right), \end{cases}$　$\varepsilon_3=\begin{cases} +1, g_1 \in (0,\hat{c}), \\ -1, g_1 \in (\hat{c},1). \end{cases}$

因此，当 $(j,m)=(1,2)$ 时，若定理 3.2.1 的条件成立，则约化问题(3.2.5)可以局部可解. 故当 $d_1^{(1)}=d_1^{(2)}$ 时，系统(3.1.2)由解 $(u^*,v^*,d_1^{(1)})$ 产生的双重分歧解的形式如下：

$$\begin{pmatrix} u \\ v \end{pmatrix}=\begin{pmatrix} u^* \\ v^* \end{pmatrix}+s\begin{pmatrix} a_1 \\ 1 \end{pmatrix}\phi_1+\tau\begin{pmatrix} a_2 \\ 1 \end{pmatrix}\phi_2+\boldsymbol{W}(s,\tau,\lambda), \tag{3.2.11}$$

其中，$\boldsymbol{W}(s,\tau,\lambda)$ 满足 $\boldsymbol{W}(0,0,\lambda)=\boldsymbol{0}$，$\boldsymbol{W}_\lambda(0,0,0)=\boldsymbol{W}_{\lambda\lambda}(0,0,0)=\cdots=\boldsymbol{0}$，

$\boldsymbol{W}_s(0,0,0)=\boldsymbol{0}$ 和 $\boldsymbol{W}_\tau(0,0,0)=\boldsymbol{0}$. 该解由两个不同模式 ϕ_1 和 ϕ_2 所决定，而且 $d_1^{(1)}=d_1^{(2)}$ 对应的双重分歧为第一分歧.

注 3.2.1 由式(3.2.1)知，当 j 和 m 为相邻整数时，相应的双重分歧为第一分歧.

3.2.2 $j>1$ 的情形

定义 $D_j(j=1,2,3)$ 为

$$D_1=a_{100}c_{010}-a_{010}c_{100},\ D_2=a_{100}c_{001}-a_{001}c_{100},\ D_3=a_{010}c_{001}-a_{001}c_{010}.$$

根据文献[108]，若 $a_{100}a_{001}c_{010}c_{001}D_1D_2D_3\neq 0$，则约化问题(3.2.5)等价于规范形

$$\begin{pmatrix} s(\varepsilon_1 s^2+\rho\tau^2-\varepsilon_3\lambda+\mu_1 s^{m-2}\tau^j) \\ \tau(\varepsilon_2\tau^2+\kappa s^2-\varepsilon_4\lambda+\mu_2 s^m\tau^{j-2}) \end{pmatrix},$$

其中，

$$\varepsilon_1=\mathrm{sgn}a_{100},\ \varepsilon_2=\mathrm{sgn}c_{010},\ \varepsilon_3=-\mathrm{sgn}a_{001},\ \varepsilon_4=-\mathrm{sgn}c_{001},$$

$$\rho=\frac{a_{010}}{|a_{100}|}\left|\frac{c_{100}}{c_{010}}\right|,\ \kappa=\frac{c_{100}}{|c_{010}|}\left|\frac{a_{010}}{a_{100}}\right|,$$

参数 μ_1,μ_2 定义为：

当 $b_0\neq 0$ 时，$\mu_1=\mathrm{sgn}b_0,\mu_2=\dfrac{d_0}{|b_0|}\left|\dfrac{c_{010}}{a_{100}}\right|\left(\dfrac{a_{001}}{c_{001}}\right)^2$；

当 $b_0=0,d_0\neq 0$ 时，$\mu_1=0,\ \mu_2=\mathrm{sgn}d_0$；

当 $b_0=d_0$ 时，$\mu_1=\mu_2=0$；

即需要当 $(j,m)=(2,3)$ 时，$b_0\neq 0$，且当 $m=3$ 时，$d_0\neq 0$.

易知，

$$a_{100}=\langle\boldsymbol{\Phi}_j^*,\boldsymbol{H}_{300}\rangle=\left\langle\boldsymbol{\Phi}_j^*,\frac{1}{2}\mathrm{d}^2\boldsymbol{N}(\boldsymbol{\Phi}_j,\boldsymbol{W}_{ss})\right\rangle+\left\langle\boldsymbol{\Phi}_j^*,\frac{1}{3!}\mathrm{d}^3\boldsymbol{N}(\boldsymbol{\Phi}_j^3)\right\rangle,$$

$$a_{010}=\langle\boldsymbol{\Phi}_j^*,\boldsymbol{H}_{120}\rangle=\Big\langle\boldsymbol{\Phi}_j^*,\frac{1}{2}\mathrm{d}^2\boldsymbol{N}(\boldsymbol{\Phi}_j,\boldsymbol{W}_{\tau\tau})+\frac{1}{2}\mathrm{d}^3\boldsymbol{N}(\boldsymbol{\Phi}_j,\boldsymbol{\Phi}_m^2)$$

$$+\mathrm{d}^2\boldsymbol{N}(\boldsymbol{\Phi}_m,\boldsymbol{W}_{s\tau})\Big\rangle,$$

$$c_{100}=\langle \boldsymbol{\Phi}_m^*,\boldsymbol{H}_{210}\rangle=\Big\langle \boldsymbol{\Phi}_m^*,\frac{1}{2}\mathrm{d}^2\boldsymbol{N}(\boldsymbol{\Phi}_m,\boldsymbol{W}_{ss})+\frac{1}{2}\mathrm{d}^3\boldsymbol{N}(\boldsymbol{\Phi}_j^2,\boldsymbol{\Phi}_m)$$

$$+\mathrm{d}^2\boldsymbol{N}(\boldsymbol{\Phi}_j,\boldsymbol{W}_{s\tau})\Big\rangle.$$

在原点处 $\boldsymbol{W}_{ss}$ 满足

$$\begin{aligned}
\boldsymbol{L}_0\boldsymbol{W}_{ss}&=-Q\mathrm{d}^2\boldsymbol{N}(\boldsymbol{\Phi}_j^2)\\
&=-\left[e_j\begin{pmatrix}-1\\1\end{pmatrix}\phi_j^2-Pe_j\begin{pmatrix}-1\\1\end{pmatrix}\phi_j^2\right]\\
&=\begin{cases}-e_j\begin{pmatrix}-1\\1\end{pmatrix}\phi_j^2, & m\neq 2j,\\[2ex] -e_j\begin{pmatrix}-1\\1\end{pmatrix}\phi_j^2+\dfrac{e_j(1-a_m^*)}{\sqrt{2l}(1+a_ma_m^*)}\begin{pmatrix}a_m\\1\end{pmatrix}\phi_m, & m=2j\end{cases}\\
&=\begin{cases}-e_j\begin{pmatrix}-1\\1\end{pmatrix}\left(\dfrac{1}{\sqrt{l}}\phi_0+\dfrac{1}{\sqrt{2l}}\phi_{2j}\right), & m\neq 2j,\\[2ex] -\dfrac{e_j}{\sqrt{l}}\begin{pmatrix}-1\\1\end{pmatrix}\phi_0+\dfrac{e_j(1+a_{2j})}{\sqrt{2l}(1+a_{2j}a_{2j}^*)}\begin{pmatrix}1\\-a_{2j}^*\end{pmatrix}\phi_{2j}, & m=2j.\end{cases}
\end{aligned}$$

令 $\boldsymbol{W}_{ss}=\sum\limits_{i=0}^{\infty}\begin{pmatrix}c_i\\d_i\end{pmatrix}\phi_i$，则有

$$\begin{aligned}
\boldsymbol{L}_0\boldsymbol{W}_{ss}&=\sum_{i=0}^{\infty}\boldsymbol{B}_i\begin{pmatrix}c_i\\d_i\end{pmatrix}\phi_i\\
&=\begin{cases}-e_j\begin{pmatrix}-1\\1\end{pmatrix}\left(\dfrac{1}{\sqrt{l}}\phi_0+\dfrac{1}{\sqrt{2l}}\phi_{2j}\right), & m\neq 2j,\\[2ex] -\dfrac{e_j}{\sqrt{l}}\begin{pmatrix}-1\\1\end{pmatrix}\phi_0+\dfrac{e_j(1+a_{2j})}{\sqrt{2l}(1+a_{2j}a_{2j}^*)}\begin{pmatrix}1\\-a_{2j}^*\end{pmatrix}\phi_{2j}, & m=2j.\end{cases}
\end{aligned}$$

当 $m\neq 2j$ 时，

$$\begin{aligned}
\boldsymbol{W}_{ss}&=-e_j\left[\frac{1}{\sqrt{l}}\boldsymbol{B}_0^{-1}\begin{pmatrix}-1\\1\end{pmatrix}\phi_0+\frac{1}{\sqrt{2l}}\boldsymbol{B}_{2j}^{-1}\begin{pmatrix}-1\\1\end{pmatrix}\phi_{2j}\right]\\
&=-\frac{e_j}{l}\left[\boldsymbol{B}_0^{-1}\begin{pmatrix}-1\\1\end{pmatrix}+\boldsymbol{B}_{2j}^{-1}\begin{pmatrix}-1\\1\end{pmatrix}\cos\frac{2\pi j}{l}x\right]
\end{aligned}$$

$$=-\frac{e_j}{lg_0}\left[\begin{pmatrix}1\\0\end{pmatrix}+\frac{\lambda_m}{3(\lambda_{2j}-\lambda_m)}\begin{pmatrix}1+d_2\lambda_{2j}\\-d_1^{(j)}\lambda_{2j}\end{pmatrix}\cos\frac{2\pi j}{l}x\right].$$

当 $m=2j$ 时，

$$d_2=\frac{\sqrt{25+16g_1}-5}{8\lambda_j}.$$

由于

$$\boldsymbol{B}_0\begin{pmatrix}c_0\\d_0\end{pmatrix}\phi_0+\boldsymbol{B}_{2j}\begin{pmatrix}c_{2j}\\d_{2j}\end{pmatrix}\phi_{2j}=-\frac{e_j}{\sqrt{l}}\begin{pmatrix}-1\\1\end{pmatrix}\phi_0+\frac{e_j(1+a_{2j})}{\sqrt{2l}(1+a_{2j}a_{2j}^*)}\begin{pmatrix}1\\-a_{2j}^*\end{pmatrix}\phi_{2j},$$

利用 $\boldsymbol{B}_i^{-1}=\frac{\boldsymbol{B}_i^*}{|\boldsymbol{B}_i|}$ 可知，

$$\begin{pmatrix}c_0\\d_0\end{pmatrix}=-\frac{e_j}{\sqrt{l}}\boldsymbol{B}_0^{-1}\begin{pmatrix}-1\\1\end{pmatrix}=-\frac{e_j}{\sqrt{l}g_0}\begin{pmatrix}1\\0\end{pmatrix}.$$

但是，由于 $|\boldsymbol{B}_{2j}|=0$，故 $\begin{pmatrix}c_{2j}\\d_{2j}\end{pmatrix}$ 不可同上求解. 根据

$$\boldsymbol{B}_{2j}\begin{pmatrix}c_{2j}\\d_{2j}\end{pmatrix}=\frac{e_j(1+a_{2j})}{\sqrt{2l}(1+a_{2j}a_{2j}^*)}\begin{pmatrix}1\\-a_{2j}^*\end{pmatrix}$$

解得无数个解

$$\begin{pmatrix}c_{2j}\\d_{2j}\end{pmatrix}=\begin{pmatrix}\frac{e_j(1+a_{2j})}{\sqrt{2l}(1+a_{2j}a_{2j}^*)(f_0-d_1^{(j)}\lambda_{2j})}+a_{2j}\\1\end{pmatrix}+k\begin{pmatrix}a_{2j}\\1\end{pmatrix},$$

其中，k 为任意常数. 于是

$$\boldsymbol{W}_{ss}=-\frac{e_j}{\sqrt{l}g_0}\begin{pmatrix}1\\0\end{pmatrix}\phi_0+\left[\begin{pmatrix}\frac{e_j(1+a_{2j})}{\sqrt{2l}(1+a_{2j}a_{2j}^*)(f_0-d_1^{(j)}\lambda_{2j})}+a_{2j}\\1\end{pmatrix}\right.$$

$$\left.+k\begin{pmatrix}a_{2j}\\1\end{pmatrix}\right]\phi_{2j}.$$

然而，注意到 $\boldsymbol{W}_{ss}\in X_1$，且 $\boldsymbol{W}_{ss}$ 减去 $\boldsymbol{\Phi}_j$ 和(或) $\boldsymbol{\Phi}_m$ 的任意常数倍仍是 $\boldsymbol{L}_0\boldsymbol{W}_{ss}=-Q\mathrm{d}^2\boldsymbol{N}(\boldsymbol{\Phi}_j^2)$ 的解，因此可解得属于 X_1 的唯一解 $\boldsymbol{W}_{ss}$.

显然，$\boldsymbol{W}_{ss}$ 的第一项属于 X_1，记 $\boldsymbol{W}_{ss}$ 的第二项为 $\boldsymbol{W}_2$.由于 $\boldsymbol{W}_2-\langle\boldsymbol{W}_2,\boldsymbol{\Phi}_j^*\rangle\boldsymbol{\Phi}_j-\langle\boldsymbol{W}_2,\boldsymbol{\Phi}_m^*\rangle\boldsymbol{\Phi}_m\in X_1$，则当 $m=2j$ 时，可得

$$\begin{aligned}&\boldsymbol{W}_2-\langle\boldsymbol{W}_2,\boldsymbol{\Phi}_j^*\rangle\boldsymbol{\Phi}_j-\langle\boldsymbol{W}_2,\boldsymbol{\Phi}_m^*\rangle\boldsymbol{\Phi}_m\\&=\boldsymbol{W}_2-\langle\boldsymbol{W}_2,\boldsymbol{\Phi}_{2j}^*\rangle\boldsymbol{\Phi}_{2j}\\&=\frac{e_j(1+a_{2j})}{\sqrt{2l}\,(1+a_{2j}a_{2j}^*)^2(f_0-d_1^{(j)}\lambda_{2j})}\begin{pmatrix}1\\-a_{2j}^*\end{pmatrix}\phi_{2j}.\end{aligned}$$

所以，当 $m=2j$ 时，

$$\begin{aligned}\boldsymbol{W}_{ss}&=-\frac{e_j}{\sqrt{l}g_0}\begin{pmatrix}1\\0\end{pmatrix}\phi_0+\frac{e_j(1+a_{2j})}{\sqrt{2l}(1+a_{2j}a_{2j}^*)^2(f_0-d_1^{(j)}\lambda_{2j})}\begin{pmatrix}1\\-a_{2j}^*\end{pmatrix}\phi_{2j}\\&=-\frac{e_j}{lg_0}\left[\begin{pmatrix}1\\0\end{pmatrix}+\frac{(f_0+g_1-d_2\lambda_{2j})(f_0-d_1^{(j)}\lambda_{2j})}{(f_0-d_1^{(j)}\lambda_{2j}+g_1-d_2\lambda_{2j})^2}\begin{pmatrix}1\\-a_{2j}^*\end{pmatrix}\cos\frac{2\pi j}{l}x\right].\end{aligned}$$

因此，通过计算可得

$$a_{100}^1=\left\langle\boldsymbol{\Phi}_j^*,\frac{1}{2}\mathrm{d}^2\boldsymbol{N}(\boldsymbol{\Phi}_j,\boldsymbol{W}_{ss})\right\rangle=\begin{cases}\dfrac{-\hat{e}_j(1-a_j^*)\Gamma_{m,2j}}{2lg_0(1+a_ja_j^*)}, & m\neq 2j,\\[2ex]\dfrac{-\hat{e}_j(1-a_j^*)}{2lg_0(1+a_ja_j^*)}(l_{2j,j}+2), & m=2j,\end{cases}$$

$$a_{100}^2=\langle\boldsymbol{\Phi}_j^*,\frac{1}{3!}\mathrm{d}^3\boldsymbol{N}(\boldsymbol{\Phi}_j^3)\rangle=\frac{3a_j(1-a_j^*)}{2l(1+a_ja_j^*)},$$

其中，

$$l_{i,n}=\frac{(f_0+g_1-d_2\lambda_i)\left(f_0-\dfrac{g_0\lambda_i}{d_2\lambda_j\lambda_{2j}}+d_2\lambda_n-g_1+1\right)}{\left(f_0-\dfrac{g_0\lambda_i}{d_2\lambda_j\lambda_{2j}}+g_1-d_2\lambda_i\right)^2}.$$

于是，

$$a_{100}=a_{100}^1+a_{100}^2=\begin{cases}\dfrac{1-a_j^*}{2lg_0(1+a_ja_j^*)}\mathrm{A}_1, & m\neq 2j,\\[2ex]\dfrac{1-a_j^*}{2lg_0(1+a_ja_j^*)}\widetilde{\mathrm{A}}_1, & m=2j,\end{cases}$$

其中，

$$A_1 = 3(d_2\lambda_j - g_1) - \hat{e}_j \Gamma_{m,2j},$$

$$\widetilde{A}_1 = 3(d_2\lambda_j - g_1) - \hat{e}_j (l_{2j,j} + 2).$$

同样，$\boldsymbol{W}$ 在原点处关于 s 和 τ 的二阶导数 $\boldsymbol{W}_{s\tau}$ 满足

$$\begin{aligned}
\boldsymbol{L}_0 \boldsymbol{W}_{s\tau} &= -Q\mathrm{d}^2 \boldsymbol{N}(\boldsymbol{\Phi}_j, \boldsymbol{\Phi}_m) \\
&= -\left[e\begin{pmatrix} -1 \\ 1 \end{pmatrix} \phi_j \phi_m - Pe\begin{pmatrix} -1 \\ 1 \end{pmatrix} \phi_j \phi_m \right] \\
&= \begin{cases} -e\begin{pmatrix} -1 \\ 1 \end{pmatrix} \phi_j \phi_m, & m \neq 2j, \\ -e\begin{pmatrix} -1 \\ 1 \end{pmatrix} \phi_j \phi_m + \dfrac{e(1-a_j^*)}{\sqrt{2l}(1+a_j a_j^*)} \begin{pmatrix} a_j \\ 1 \end{pmatrix} \phi_j, & m = 2j \end{cases} \\
&= \begin{cases} -\dfrac{e}{\sqrt{2l}} \begin{pmatrix} -1 \\ 1 \end{pmatrix} (\phi_{m+j} + \phi_{m-j}), & m \neq 2j, \\ -\dfrac{e}{\sqrt{2l}} \begin{pmatrix} -1 \\ 1 \end{pmatrix} \phi_{3j} + \dfrac{e(1+a_j)}{\sqrt{2l}(1+a_j a_j^*)} \begin{pmatrix} 1 \\ -a_j^* \end{pmatrix} \phi_j, & m = 2j, \end{cases}
\end{aligned}$$

其中，$e = \dfrac{e_j + e_m}{2}$. 同上，当 $m \neq 2j$ 时，利用傅里叶变换可得

$$\begin{aligned}
\boldsymbol{W}_{s\tau} &= -\frac{e}{\sqrt{2l}} \left[\boldsymbol{B}_{m-j}^{-1} \begin{pmatrix} -1 \\ 1 \end{pmatrix} \phi_{m-j} + \boldsymbol{B}_{m+j}^{-1} \begin{pmatrix} -1 \\ 1 \end{pmatrix} \phi_{m+j} \right] \\
&= -\frac{e}{l} \left[\boldsymbol{B}_{m-j}^{-1} \begin{pmatrix} -1 \\ 1 \end{pmatrix} \cos \frac{\pi(m-j)}{l} x + \boldsymbol{B}_{m+j}^{-1} \begin{pmatrix} -1 \\ 1 \end{pmatrix} \cos \frac{\pi(m+j)}{l} x \right] \\
&= -\frac{e}{l g_0} \left[\frac{\lambda_j \lambda_m}{\nu_{m-j}} \begin{pmatrix} 1 + d_2 \lambda_{m-j} \\ -d_1^{(j)} \lambda_{m-j} \end{pmatrix} \cos \frac{\pi(m-j)}{l} x \right. \\
&\quad \left. + \frac{\lambda_j \lambda_m}{\nu_{m+j}} \begin{pmatrix} 1 + d_2 \lambda_{m+j} \\ -d_1^{(j)} \lambda_{m+j} \end{pmatrix} \cos \frac{\pi(m+j)}{l} x \right],
\end{aligned}$$

其中，$\nu_i = (\lambda_j - \lambda_i)(\lambda_m - \lambda_i)$. 当 $m = 2j$ 时，由于

$$\boldsymbol{B}_{3j} \begin{pmatrix} c_{3j} \\ d_{3j} \end{pmatrix} \phi_{3j} + \boldsymbol{B}_j \begin{pmatrix} c_j \\ d_j \end{pmatrix} \phi_j = -\frac{e}{\sqrt{2l}} \begin{pmatrix} -1 \\ 1 \end{pmatrix} \phi_{3j} + \frac{e(1+a_j)}{\sqrt{2l}(1+a_j a_j^*)} \begin{pmatrix} 1 \\ -a_j^* \end{pmatrix} \phi_j,$$

则

$$\begin{pmatrix} c_{3j} \\ d_{3j} \end{pmatrix} = -\frac{e}{\sqrt{2l}} \boldsymbol{B}_{3j}^{-1} \begin{pmatrix} -1 \\ 1 \end{pmatrix} = -\frac{e}{10\sqrt{2l}\, g_0} \begin{pmatrix} 1 + d_2 \lambda_{3j} \\ -d_1^{(j)} \lambda_{3j} \end{pmatrix}.$$

结合 $|\boldsymbol{B}_j| = 0$，由

$$\boldsymbol{B}_j \begin{pmatrix} c_j \\ d_j \end{pmatrix} = \frac{e(1 + a_j)}{\sqrt{2l}\,(1 + a_j a_j^*)} \begin{pmatrix} 1 \\ -a_j^* \end{pmatrix}$$

可得无数个解

$$\begin{pmatrix} c_j \\ d_j \end{pmatrix} = \begin{pmatrix} \dfrac{e(1 + a_j)}{\sqrt{2l}\,(1 + a_j a_j^*)(f_0 - d_1^{(j)} \lambda_j)} + a_j \\ 1 \end{pmatrix} + k \begin{pmatrix} a_j \\ 1 \end{pmatrix},$$

其中，k 为任意常数. 因为 $\boldsymbol{W}_{s\tau} \in X_1$，所以当 $m = 2j$ 时，可得属于 X_1 的唯一解

$$\begin{aligned} \boldsymbol{W}_{s\tau} &= -\frac{e}{10\sqrt{2l}\, g_0} \begin{pmatrix} 1 + d_2 \lambda_{3j} \\ -d_1^{(j)} \lambda_{3j} \end{pmatrix} \phi_{3j} + \frac{e(1 + a_j)}{\sqrt{2l}\,(1 + a_j a_j^*)^2 (f_0 - d_1^{(j)} \lambda_j)} \begin{pmatrix} 1 \\ -a_j^* \end{pmatrix} \phi_j \\ &= -\frac{e}{l g_0} \left[\frac{1}{10} \begin{pmatrix} 1 + d_2 \lambda_{3j} \\ -d_1^{(j)} \lambda_{3j} \end{pmatrix} \cos \frac{3\pi j}{l} x + \frac{(f_0 + g_1 - d_2 \lambda_j)(f_0 - d_1^{(j)} \lambda_j)}{(f_0 - d_1^{(j)} \lambda_j + g_1 - d_2 \lambda_j)^2} \right. \\ &\quad \left. \times \begin{pmatrix} 1 \\ -a_j^* \end{pmatrix} \cos \frac{\pi j}{l} x \right]. \end{aligned}$$

因此，可得

$$a_{010}^1 = \left\langle \boldsymbol{\Phi}_j^*, \frac{1}{2} \mathrm{d}^2 \boldsymbol{N}(\boldsymbol{\Phi}_j, \boldsymbol{W}_{\tau\tau}) \right\rangle = \frac{-(1 - a_j^*)\hat{e}_m}{l g_0 (1 + a_j a_j^*)},$$

$$a_{010}^2 = \left\langle \boldsymbol{\Phi}_j^*, \frac{1}{2} \mathrm{d}^3 \boldsymbol{N}(\boldsymbol{\Phi}_j, \boldsymbol{\Phi}_m^2) \right\rangle = \frac{(1 - a_j^*)(2a_m + a_j)}{l(1 + a_j a_j^*)},$$

$$\begin{aligned} a_{010}^3 &= \langle \boldsymbol{\Phi}_j^*, \mathrm{d}^2 \boldsymbol{N}(\boldsymbol{\Phi}_m, \boldsymbol{W}_{s\tau}) \rangle \\ &= \begin{cases} \dfrac{-(1 - a_j^*)\hat{e}}{l g_0 (1 + a_j a_j^*)} \Lambda_{j,m}, & m \neq 2j, \\ \dfrac{-(1 - a_j^*)\hat{e}}{l g_0 (1 + a_j a_j^*)} \left[l_{j,2j} + \dfrac{1}{40} \left(13 + 72 d_2 \lambda_j - \dfrac{9}{d_2 \lambda_j} \right) \right], & m = 2j, \end{cases} \end{aligned}$$

其中，$\hat{e}=e\delta=\dfrac{\hat{e}_j+\hat{e}_m}{2}$，

$$\Lambda_{i,n}=\frac{\lambda_i\lambda_{m-j}(1+d_2\lambda_n)+\lambda_j\lambda_m(1+d_2\lambda_{m-j})-\dfrac{\lambda_{m-j}}{d_2}}{\nu_{m-j}}+\frac{\lambda_i\lambda_{m+j}(1+d_2\lambda_n)+\lambda_j\lambda_m(1+d_2\lambda_{m+j})-\dfrac{\lambda_{m+j}}{d_2}}{\nu_{m+j}}.$$

于是，

$$a_{010}=a_{010}^1+a_{010}^2+a_{010}^3=\begin{cases}\dfrac{1-a_j^*}{lg_0(1+a_ja_j^*)}A_0, & m\neq 2j,\\ \dfrac{1-a_j^*}{lg_0(1+a_ja_j^*)}\widetilde{A}_0, & m=2j,\end{cases}$$

其中，

$$A_0=2(d_2\lambda_m-g_1)+d_2\lambda_j-g_1-\hat{e}_m-\hat{e}\Lambda_{j,m},$$

$$\widetilde{A}_0=2(d_2\lambda_m-g_1)+d_2\lambda_j-g_1-\hat{e}_m-\hat{e}\left[l_{j,2j}+\frac{1}{40}\left(13+72d_2\lambda_j-\frac{9}{d_2\lambda_j}\right)\right].$$

同样可得，

$$\begin{aligned}c_{100}&=\left\langle\boldsymbol{\Phi}_m^*,\frac{1}{2}\mathrm{d}^2\boldsymbol{N}(\boldsymbol{\Phi}_m,\boldsymbol{W}_{ss})+\frac{1}{2}\mathrm{d}^3\boldsymbol{N}(\boldsymbol{\Phi}_j^2,\boldsymbol{\Phi}_m)+\mathrm{d}^2\boldsymbol{N}(\boldsymbol{\Phi}_j,\boldsymbol{W}_{s\tau})\right\rangle\\&=\frac{-(1-a_m^*)\hat{e}_j}{lg_0(1+a_ma_m^*)}+\frac{(1-a_m^*)(2a_j+a_m)}{l(1+a_ma_m^*)}\\&\quad+\begin{cases}\dfrac{-(1-a_m^*)\hat{e}}{lg_0(1+a_ma_m^*)}\Lambda_{m,j}, & m\neq 2j,\\ \dfrac{-(1-a_m^*)\hat{e}}{lg_0(1+a_ma_m^*)}\left[l_{j,j}+\dfrac{1}{40}\left(40+72d_2\lambda_j-\dfrac{9}{d_2\lambda_j}\right)\right], & m=2j\end{cases}\\&=\begin{cases}\dfrac{1-a_m^*}{lg_0(1+a_ma_m^*)}C_1, & m\neq 2j,\\ \dfrac{1-a_m^*}{lg_0(1+a_ma_m^*)}\widetilde{C}_1, & m=2j,\end{cases}\end{aligned}$$

其中，

$$C_1=2(d_2\lambda_j-g_1)+d_2\lambda_m-g_1-\hat{e}_j-\hat{e}\Lambda_{m,j},$$

$$\widetilde{C}_1=2(d_2\lambda_j-g_1)+d_2\lambda_m-g_1-\hat{e}_j-\hat{e}\left[l_{j,j}+\frac{1}{40}\left(40+72d_2\lambda_j-\frac{9}{d_2\lambda_j}\right)\right].$$

于是，

$$D_1=a_{100}c_{010}-a_{010}c_{100}$$

$$=\frac{(1-a_j^*)(1-a_m^*)}{4l^2g_0^2(1+a_ja_j^*)(1+a_ma_m^*)}\begin{cases}p_1, & m\neq 2j,\\ \tilde{p}_1, & m=2j,\end{cases}$$

$$D_2=a_{100}c_{001}-a_{001}c_{100}$$

$$=\frac{(g_1-d_2\lambda_j)(g_1-d_2\lambda_m)}{2ld_2f_1^2g_0^2(1+a_ja_j^*)(1+a_ma_m^*)}\begin{cases}p_2, & m\neq 2j,\\ \tilde{p}_2, & m=2j,\end{cases}$$

$$D_3=a_{010}c_{001}-a_{001}c_{010}$$

$$=\frac{(g_1-d_2\lambda_j)(g_1-d_2\lambda_m)}{2ld_2f_1^2g_0^2(1+a_ja_j^*)(1+a_ma_m^*)}\begin{cases}p_3, & m\neq 2j,\\ \tilde{p}_3, & m=2j,\end{cases}$$

其中，

$$p_1=A_1C_0-4A_0C_1,$$

$$\tilde{p}_1=\widetilde{A}_1C_0-4\widetilde{A}_0\widetilde{C}_1,$$

$$p_2=A_1(g_1-d_2\lambda_m)-2C_1(g_1-d_2\lambda_j),$$

$$\tilde{p}_2=\widetilde{A}_1(g_1-d_2\lambda_m)-2\widetilde{C}_1(g_1-d_2\lambda_j),$$

$$p_3=2A_0(g_1-d_2\lambda_m)-C_0(g_1-d_2\lambda_j),$$

$$\tilde{p}_3=2\widetilde{A}_0(g_1-d_2\lambda_m)-C_0(g_1-d_2\lambda_j).$$

定理 3.2.2　若 $m\neq 2j$ 时，$A_1C_0p_1p_2p_3\neq 0$，且 $m=2j$ 时，$\widetilde{A}_1C_0\tilde{p}_1\tilde{p}_2\tilde{p}_3\neq 0$，则约化问题(3.2.5)等价于规范形

$$\begin{pmatrix}s(\varepsilon_1s^2+\rho\tau^2+\lambda+\mu_1s^{m-2}\tau^j)\\ \tau(\varepsilon_2\tau^2+\kappa s^2+\lambda+\mu_2s^m\tau^{j-2})\end{pmatrix},$$

其中，

$$\varepsilon_1=\begin{cases}\mathrm{sgn}A_1, & m\neq 2j,\\ \mathrm{sgn}\widetilde{A}_1, & m=2j,\end{cases}\qquad \varepsilon_2=\mathrm{sgn}C_0,$$

$$\rho=\begin{cases}\dfrac{4A_0 \mid C_1 \mid}{\mid A_1C_0 \mid}, & m\neq 2j,\\ \dfrac{4\widetilde{A}_0 \mid \widetilde{C}_1 \mid}{\mid \widetilde{A}_1C_0 \mid}, & m=2j,\end{cases}\qquad \kappa=\begin{cases}\dfrac{4\mid A_0 \mid C_1}{\mid A_1C_0 \mid}, & m\neq 2j,\\ \dfrac{4\mid \widetilde{A}_0 \mid \widetilde{C}_1}{\mid \widetilde{A}_1C_0 \mid}, & m=2j.\end{cases}$$

参数 μ_1, μ_2 定义为：

当 $b_0\neq 0$ 时，$\mu_1=\mathrm{sgn}b_0, \mu_2=\begin{cases}\dfrac{d_0\mid C_0\mid}{\mid b_0A_1\mid}q, & m\neq 2j,\\ \dfrac{d_0\mid C_0\mid}{\mid b_0\widetilde{A}_1\mid}q, & m=2j,\end{cases}$

当 $b_0=0, d_0\neq 0$ 时，$\mu_1=0$，$\mu_2=\mathrm{sgn}d_0$，

当 $b_0=d_0$ 时，$\mu_1=\mu_2=0$，

其中，$q=\dfrac{\lambda_j(g_1-d_2\lambda_j)^2(f_0-d_1^{(j)}\lambda_m+g_1-d_2\lambda_m)}{\lambda_m(g_1-d_2\lambda_m)^2(f_0-d_1^{(j)}\lambda_j+g_1-d_2\lambda_j)}$.

因此，当 $j>1$ 时，根据定理 3.2.2 知，系统(3.1.2)由解$(u^*, v^*, d_1^{(j)})$产生的双重分歧解的形式为

$$\begin{pmatrix}u\\ v\end{pmatrix}=\begin{pmatrix}u^*\\ v^*\end{pmatrix}+s\begin{pmatrix}a_j\\ 1\end{pmatrix}\phi_j+\tau\begin{pmatrix}a_m\\ 1\end{pmatrix}\phi_m+\boldsymbol{W}(s,\tau,\lambda), \qquad (3.2.12)$$

其中，$\boldsymbol{W}(s,\tau,\lambda)$ 满足 $\boldsymbol{W}(0,0,\lambda)=\boldsymbol{0}$，$\boldsymbol{W}_\lambda(0,0,0)=\boldsymbol{W}_{\lambda\lambda}(0,0,0)=\cdots=\boldsymbol{0}$，$\boldsymbol{W}_s(0,0,0)=\boldsymbol{0}$ 和 $\boldsymbol{W}_\tau(0,0,0)=\boldsymbol{0}$.

3.3 分歧解的稳定性

本节讨论单重分歧解(3.1.13)和双重分歧解(3.2.12)的稳定性. 而对于第一分歧为双重分歧产生非常数平衡解的稳定性仍是一难题，如双重分歧解(3.2.11)的稳定性. 为讨论方便，记 $d_1^{(m_1)}:=\min\left\{d_1^{(j)}:\lambda_j<\dfrac{g_1}{d_2}\right\}$.

定理 3.3.1 假设 $j\neq m_1$，则线性算子 $\boldsymbol{L}_0$ 有一个正特征值，单重分歧解(3.1.13)和双重分歧解(3.2.12)都是不稳定的.

证明　设 μ 是 $\boldsymbol{L}_0$ 的特征值，相应的特征函数为 $\phi(x)=\sum_{i=0}^{\infty}a_i\phi_i$，$\psi(x)=\sum_{i=0}^{\infty}b_i\phi_i$，则 $\boldsymbol{L}_0$ 的特征值等价于如下特征方程的根，

$$\mu^2+P_i(d_1^{(j)})\mu+Q_i(d_1^{(j)})=0,\ i\geqslant 0,$$

其中，

$$P_i(d_1^{(j)})=(d_1^{(j)}+d_2)\lambda_i-(f_0+g_1), \tag{3.3.1}$$

$$Q_i(d_1^{(j)})=-d_1^{(j)}\lambda_i(g_1-d_2\lambda_i)+g_0(1+d_2\lambda_i). \tag{3.3.2}$$

根据条件 (C)，由式(3.3.1)知 $P_i(d_1^{(j)})>0$，$i\geqslant 0$. 当 $j\neq m_1$ 时，由式(3.3.2)得 $Q_{m_1}(d_1^{(j)})<0$，于是 $\boldsymbol{L}_0$ 有一个正的特征值. 因此，由线性算子的扰动理论知，当 $j\neq m_1$ 时，分歧解(3.1.13)和(3.2.12)是不稳定的.□

引理 3.3.1　假设 $j=m_1$，并且对于任意整数 $m\neq j$ 有 $d_1^{(j)}\neq d_1^{(m)}$，则 0 是 $\boldsymbol{L}_0$ 的实部最大的单重特征值，其他特征值在左半复平面.

证明　若 $j=m_1$，则有

$$N(\boldsymbol{L}_0)=\mathrm{span}\{\boldsymbol{\Phi}_{m_1}\},\ N(\boldsymbol{L}_0^*)=\mathrm{span}\{\boldsymbol{\Phi}_{m_1}^*\},$$

且

$$\langle\boldsymbol{\Phi}_{m_1},\boldsymbol{\Phi}_{m_1}^*\rangle=1>0,$$

这意味着 $\boldsymbol{\Phi}_{m_1}\notin R(\boldsymbol{L}_0)$，因此 0 是 $\boldsymbol{L}_0$ 的单重特征值. 由式(3.3.1)和式(3.3.2)知，对于所有的 i，$P_i(d_1^{(m_1)})>0$ 和

$$Q_{m_1}(d_1^{(m_1)})=0,\ Q_i(d_1^{(m_1)})>0,\ i=0,1,2,\cdots,m_1-1,m_1+1,\cdots.$$

所以，0 是 $\boldsymbol{L}_0$ 的实部最大的单重特征值，其他特征值在左半复平面. □

结合引理 3.3.1，并利用附录中的定理 B.2.1 可知单重分歧解 $(u_j(s),v_j(s))$，$j=m_1$ 的稳定性结果，注意到此时稳定性理论[1]无法运用.

定理 3.3.2　假设 $j=m_1$，并且对于任意整数 $m\neq j$ 有 $d_1^{(j)}\neq d_1^{(m)}$. 若 $h_{sss}(0,0)<0(>0)$，则无论 $s<0$ 还是 $s>0$，分歧解 $(u_j(s),v_j(s))$ 是稳定的(不稳定的).

3.4 数值模拟

本节给出一些数值模拟的结果，以对所做的理论分析结果作出解释和补充，并形象阐明该模型具有激活基质模型所具备的基本特征. 令 $\hat{x}=x/l$ 使得空间区域由 $0<x<l$ 变为 $0<\hat{x}<l$，在数值模拟中仍用 x 表示 $\hat{x}$. 在所有的数值模拟中，参数 k,δ 的取值固定为 $k=0.1$，$\delta=3$.

该数值模拟说明：

(1) 当基质的输入量比较大时才有空间模式的形成，见图 3.3. 因为在实际生化背景意义下，若基质输入量太少，则不足以支持激活剂的生产，从而空间模式最终会消失.

(2) 当激活剂达到最大量时基质达到最小量，见图 3.4. 这不同于激活抑制模型所具备的特征，在激活剂和基质的反应背景意义下，大量激活剂会导致基质的很快消耗. 这说明糖酵解模型具有激活基质反应的特性.

(3) 再固定参数 $l=6$，取参数 $d_2=0.1050$，根据式(3.1.3)做出图灵分歧点 $d_1^{(i)}$，其中，i 满足 $i<\sqrt{\frac{g_1 l^2}{d_2\pi^2}}$ 使得 $\lambda_1<\frac{g_1}{d_2}$. 由此可得 5 个单重分歧点 $d_1^{(j)}$，$j=1,2,3,4,5$，其中，$d_1^{(4)}=\min\{d_1^{(j)}: j=1,2,3,4,5\}=5.8558$ (见图 3.5(a)). 取 $d_2=\frac{\sqrt{(\lambda_3+\lambda_4)^2+4g_1\lambda_3\lambda_4}-(\lambda_3+\lambda_4)}{2\lambda_3\lambda_4}=0.1200$ 时，也存在 5 个分歧点，其中，双重分歧点 $d_1^{(3)}=d_1^{(4)}=7.0084$(见图 3.5(b))，且 $d_1^{(3)}=d_1^{(4)}=\min\{d_1^{(j)}: j=1,2,3,4,5\}$ 为第一分歧点.

(4) 结合图 3.5(a)和 3.1 节，取参数 $d_2=0.1050, d_1=5.8560>d_1^{(4)}$，则 λ_4 模式为最不稳定模式，系统(3.1.1)存在非常数平衡态结构，其主体决定于 $\phi_4(x)$(见图 3.6 和图 3.7).

(5) 结合图 3.5(b)和 3.2 节，取参数 $d_2=0.1200, d_1=7.0093>d_1^{(3)}$

(或 $d_1^{(4)}$)，则系统(3.1.1)存在双重分歧平衡解，其结构决定于特征函数 $\phi_3(x)$和 $\phi_4(x)$的耦合（见图 3.8 和图 3.9）.

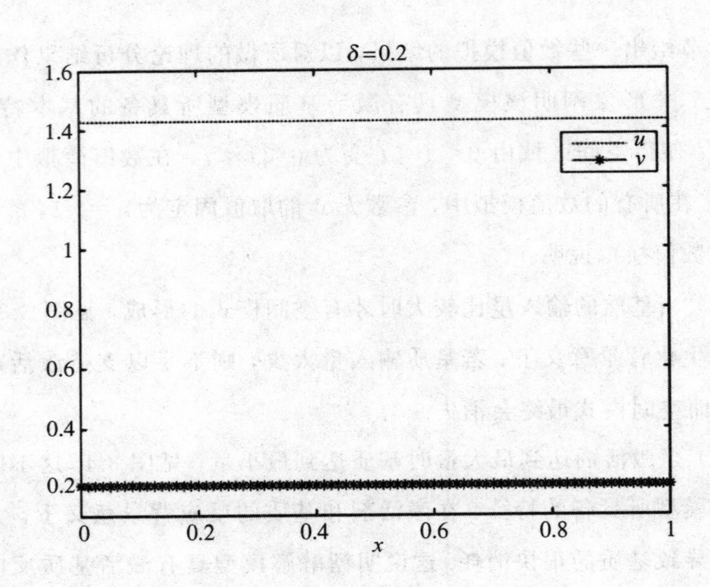

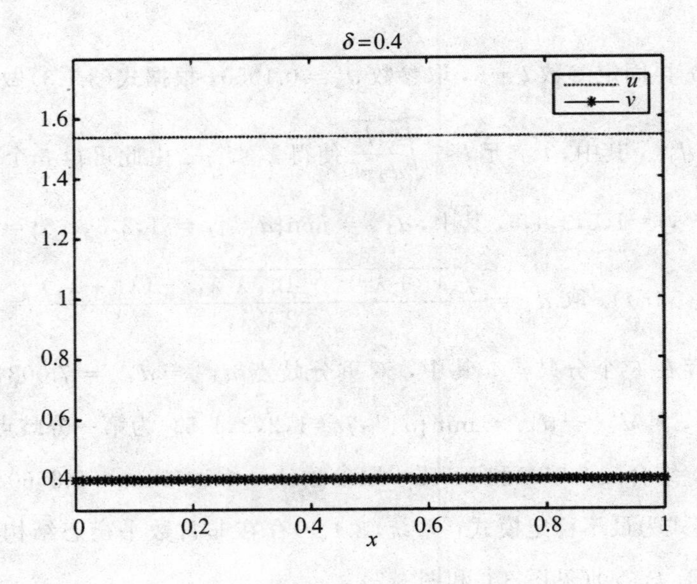

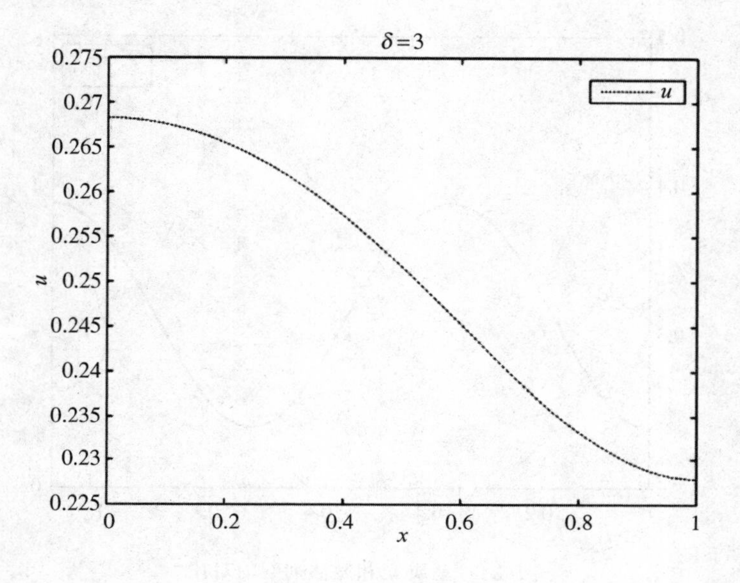

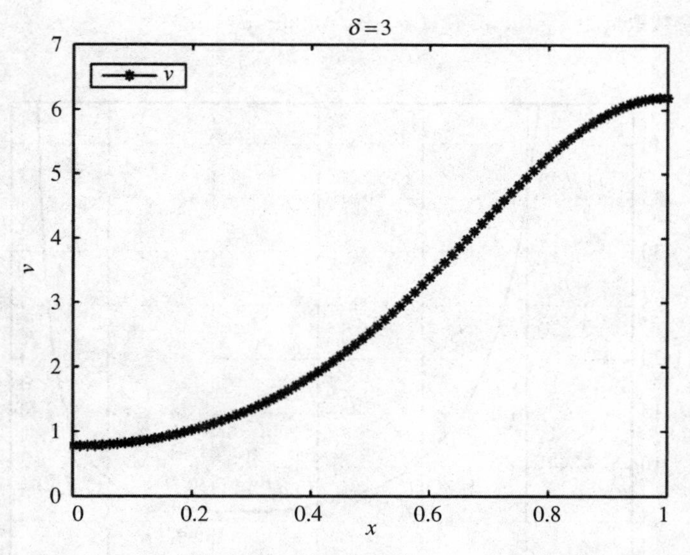

图 3.3　基质的输入量 δ 的变化对模型(3.1.1)平衡解的影响

注:参数取值为 $k = 0.1$, $l = 1$, $d_1 = 20$, $d_2 = 0.05$.

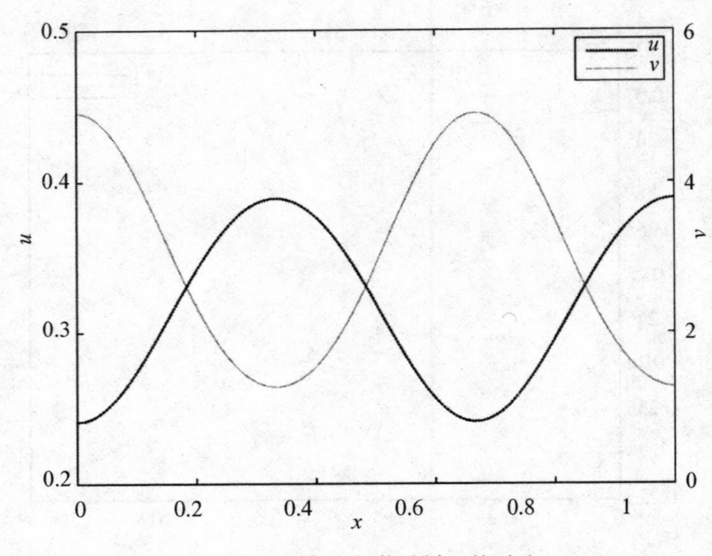

图 3.4　基质 u 和激活剂 v 的对比

注：参数取值为 $k=0.1, \delta=3, l=1, d_2=0.005, d_1=0.4$.

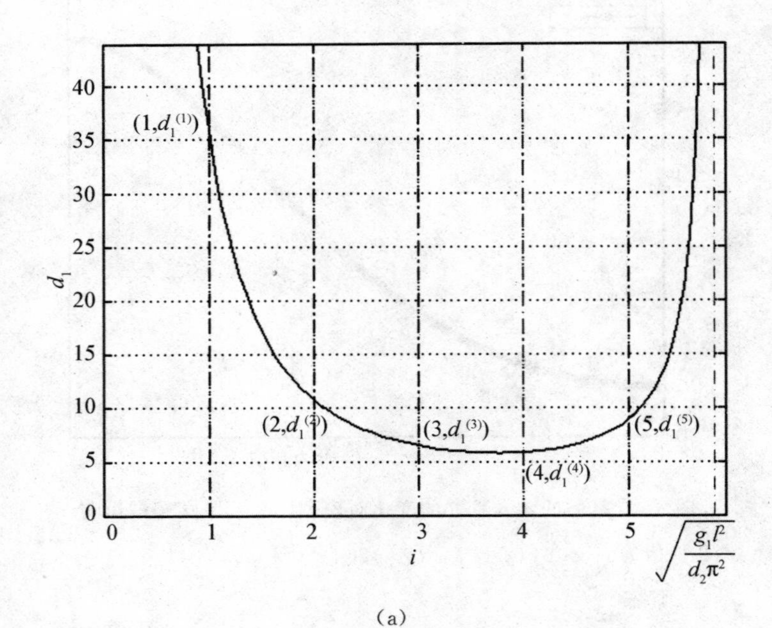

(a)

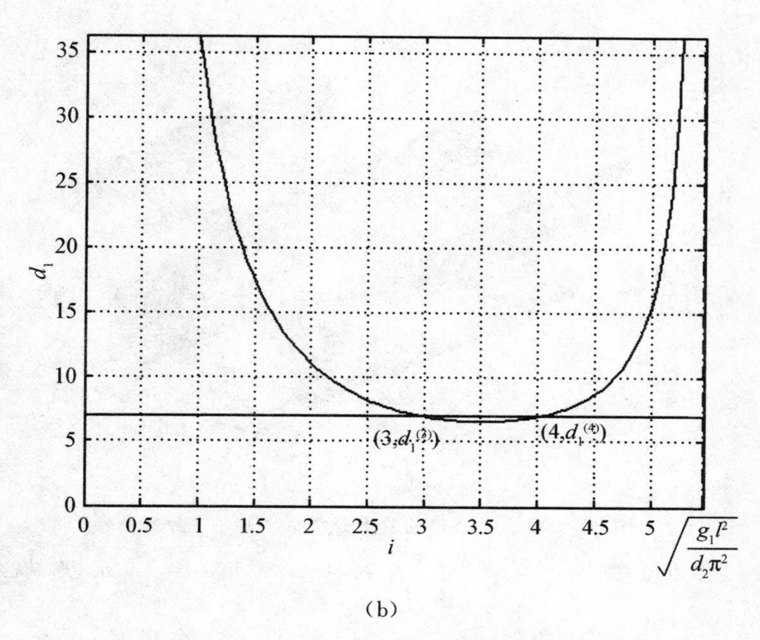

(b)

图 3.5 式(3.1.3)刻画的分歧点

注:参数取值为 $k=0.1,\delta=3,l=6$,图(a)中 $d_2=0.1050$,图(b)中 $d_2=0.1200$.

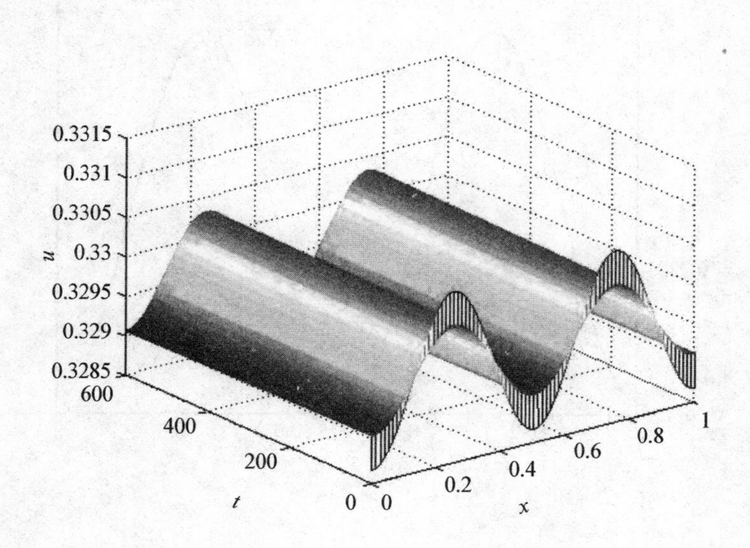

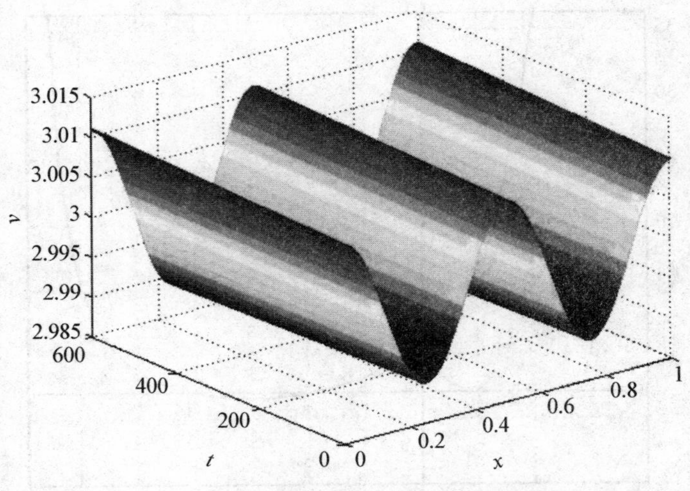

图 3.6　系统(3.1.1)的单重分歧平衡解的三维图

注：参数取值为 $k = 0.1$，$\delta = 3$，$l = 6$，$d_2 = 0.1050$ 和 $d_1 = 5.8560$，解结构决定于特征函数 $\phi_4(x)$.

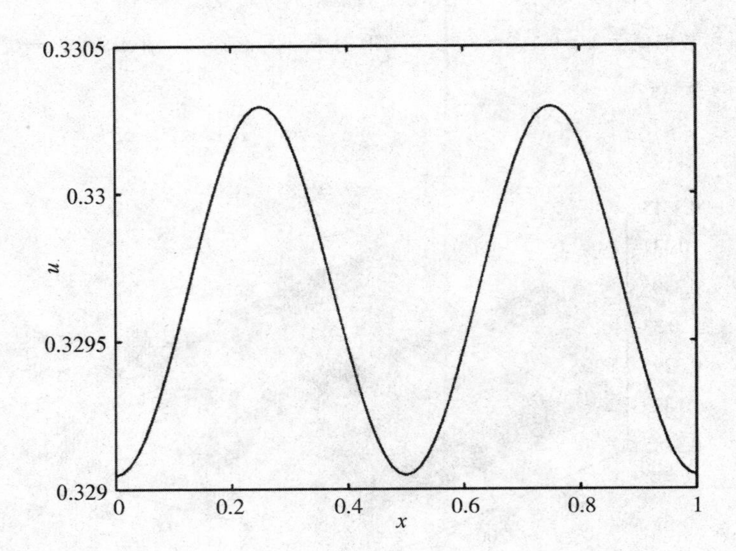

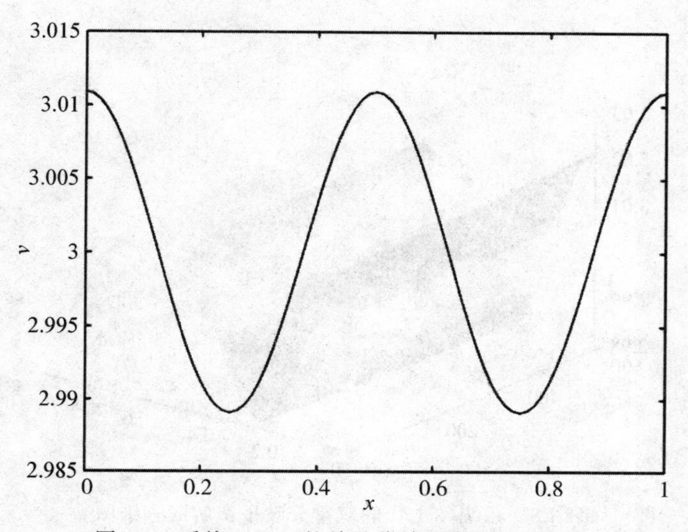

图 3.7　系统(3.1.1)的单重分歧平衡解的二维图

注：参数取值为 $k=0.1,\delta=3,l=6,d_2=0.1050$ 和 $d_1=5.8560$，解结构决定于特征函数 $\phi_4(x)$.

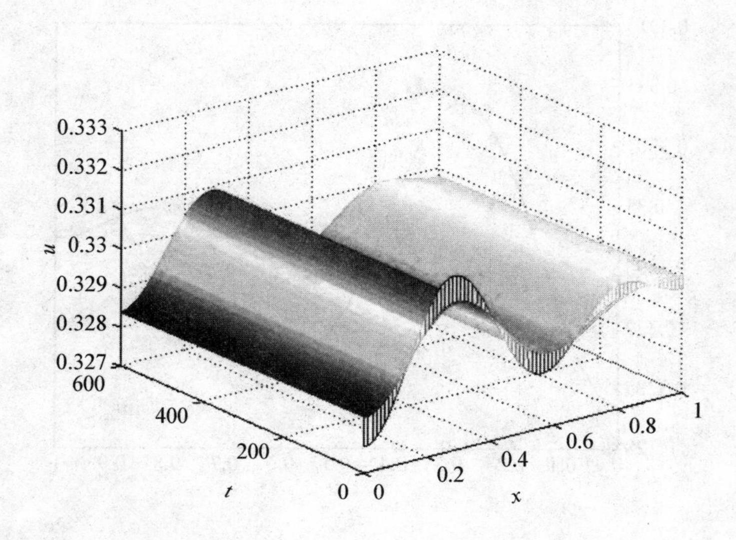

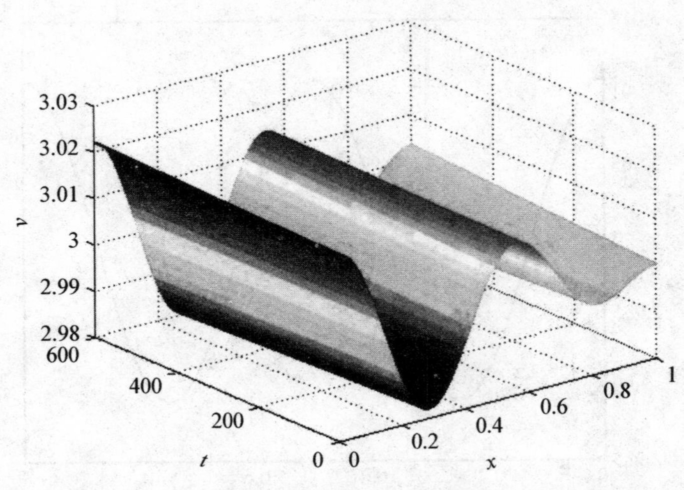

图 3.8　系统(3.1.1)的双重分歧平衡解的三维图

注：参数取值为 $k = 0.1, \delta = 3, l = 6, d_2 = 0.1200$ 和 $d_1 = 7.0093$，解结构决定于特征函数 $\phi_3(x)$ 和 $\phi_4(x)$ 的耦合.

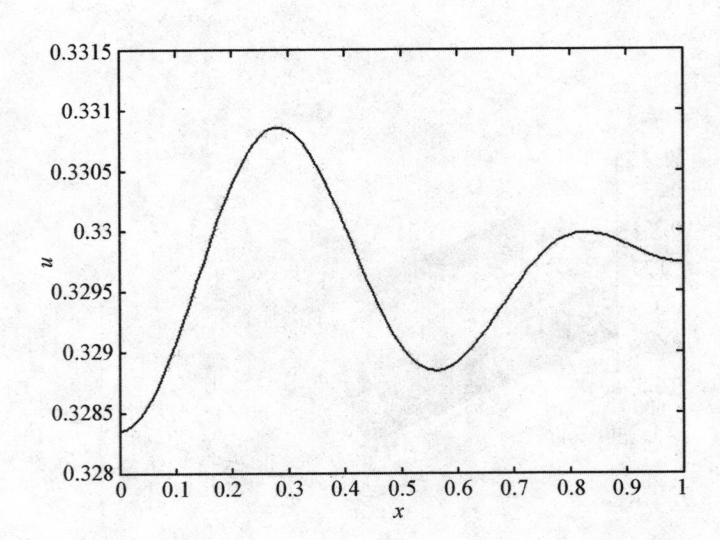

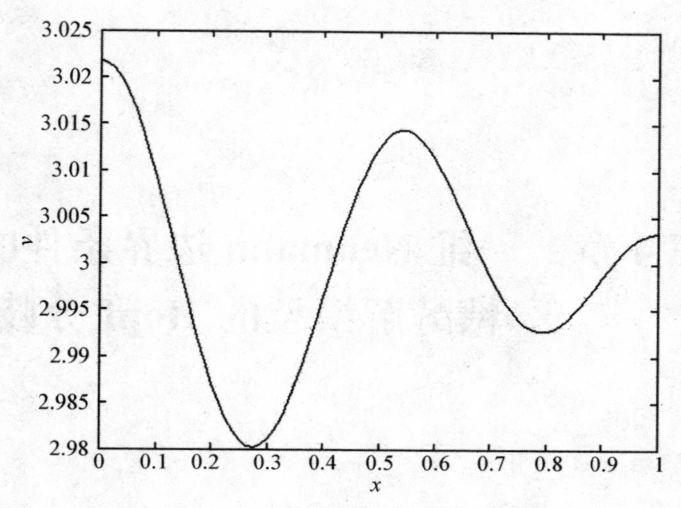

图 3.9　系统(3.1.1)的双重分岐平衡解的二维图

注：参数取值为 $k = 0.1, \delta = 3, l = 6, d_2 = 0.1200$ 和 $d_1 = 7.0093$，解结构决定于特征函数 $\phi_3(x)$ 和 $\phi_4(x)$ 的耦合.

3.5 评　注

本章在一维空间下研究了糖酵解模型的图灵分歧. 首先，基于常数平衡解的图灵不稳定性，运用李亚普诺夫-施密特约化过程和奇异性理论分析了单重特征值处分歧产生的平衡解的局部结构和全局结构，并得到了单重特征值处的分歧方向和非常数平衡解的个数. 其次，给出 Neumann 边界条件下的双重特征值的存在性，并利用李亚普诺夫-施密特约化过程和奇异性理论讨论了双重特征值处产生的平衡态结构，该结构涉及两个平衡态模态的相互作用，并说明了糖酵解模型不存在更高重特征值处产生的平衡解. 再次，结合稳定性理论和奇异性理论讨论了单重分歧解和双重分歧解的稳定性. 最后，运用数值分析证实了研究结果，尤其是双重分歧产生的非常数平衡解的空间结构，并阐明了该模型具有激活基质模型所具有的本质特征. 本部分内容摘自魏美华、李艳玲、常金勇 2014 年和 2019 年发表的论文[109]，[110].

第4章　一维 Neumann 边界条件的糖酵解模型的 Hopf 分歧

4.1 引　言

分歧(又称分叉)是一种常见的非线性现象，在非线性科学研究中分歧研究占有重要的地位. 分歧是指对于含有参数的系统，当参数变动并经过某些临界值时，系统的定性性态(例如平衡状态或周期运动的数目和稳定性等)发生的突然变化. 直到20世纪60年代，分歧理论得到迅速发展，并在物理学、化学、生物学、生物化学、医学、工程技术及社会科学中得到广泛应用. 一般来讲，完整的分歧分析需要刻画动力系统的全局拓扑结构，但这是相当复杂而经常难以做到的. 在实际应用中，有时只需要考虑某个平衡点附近动力系统拓扑结构的变化，即局部分歧. 如果分歧分析涉及大范围的拓扑结构，则为全局分歧. 分歧通常分为静态分歧和动态分歧，最常见的静态分歧和动态分歧分别是图灵分歧和 Hopf 分歧，它们都属于平衡点分歧. 通过分歧理论可对化学反应模型解的性质进行分析，进而了解相应反应过程的作用机制和演变规律.

Hopf 分歧是一类简单而且重要的动态分歧问题，对于研究物理、化学、生物、机电、控制等系统当参数变化时平衡状态失稳而产生振荡的现象有重要的作用. 它是国内外学者关注的热点问题之一，学者们研究了不同反应扩散模型的 Hopf 分歧，如 Lengyel-Epstein 模型[111]~[113]、

Brusselator 模型[114],[115]、Sel'kov 模型[66],[116]、Schnakenberg 模型[117]、Allee 效应模型[102],[118]以及一般模型[23],[60],[84],[191]~[121].

本章在一维空间 $\Omega=(0,l)$ 的情况下研究生化反应中的糖酵解模型

$$\begin{cases}u_t=d_1u_{xx}+\delta-ku-uv^2, & x\in(0,l),t>0,\\ v_t=d_2v_{xx}+ku-v+uv^2, & x\in(0,l),t>0,\\ u_x=v_x=0, & x=0,l,t>0,\\ u(x,0)=u_0(x)\geqslant 0,v(x,0)=v_0(x)\geqslant 0, & x\in(0,l)\end{cases}\tag{4.1.1}$$

的 Hopf 分歧. 其相应的 ODE 系统为

$$\begin{cases}u_t=\delta-ku-uv^2, & t>0,\\ v_t=ku-v+uv^2, & t>0.\end{cases}\tag{4.1.2}$$

本章的目的在于讨论糖酵解模型的周期解的存在性和稳定性. 4.2 节利用特征值理论给出糖酵解模型 ODE 和 PDE 常数解的稳定性，在此基础上，利用范式理论和中心流形理论研究 ODE 系统的周期解和 PDE 系统的空间齐次周期解的存在性和稳定性，并讨论 Hopf 分歧的方向. 4.3 节运用 MATLAB 软件进行数值模拟，证实和补充理论结果.

4.2 Hopf 分歧及其稳定性

第 2 章和第 3 章在条件(C)的基础上讨论了平衡解的存在性，但在此条件下以 d_1 为分歧参数不存在 Hopf 分歧. 因此，为了考虑糖酵解模型 ODE 和 PDE 系统的 Hopf 分歧，本节忽略条件(C)并选 δ 为分歧参数.

首先讨论 ODE 系统(4.1.2)的 Hopf 分歧. 方程(4.1.2)相应于常数平衡解 (u^*,v^*) 的雅可比矩阵为

$$\boldsymbol{J}=\begin{pmatrix}f_0 & f_1\\ g_0 & g_1\end{pmatrix},$$

其中，

$$f_0=-k-\delta^2,\ f_1=-\frac{2\delta^2}{k+\delta^2},\ g_0=k+\delta^2,\ g_1=\frac{\delta^2-k}{k+\delta^2}.$$

记

$$\delta_\pm=\sqrt{\frac{1-2k\pm\sqrt{1-8k}}{2}}.$$

结合文献[71]，[106]和[122]，则有以下结果.

定理 4.2.1　(i) 当 $\delta<\delta_-$ 或 $\delta>\delta_+$ 时，系统(4.1.2)的常数平衡解 (u^*,v^*) 是局部渐近稳定的. 当 $\delta_-<\delta<\delta_+$ 时，系统(4.1.2)的平衡解 (u^*,v^*) 是不稳定的.

(ii) 当 $\delta=\delta_-$ (δ_+) 时，系统(4.1.2)在平衡解 (u^*,v^*) 处发生超(次)临界 Hopf 分歧，且周期闭轨渐近稳定.

注 4.2.1　由文献[106]可知，当 k 临近 1/8 时，定理 4.2.1 的两条 Hopf 分支一定连接.

接着讨论 PDE 系统(4.1.1)的 Hopf 分歧. 令

$$\delta_\pm^{(i)}=\sqrt{\frac{1-2k-(d_1+d_2)\lambda_i\pm\sqrt{(1-(d_1+d_2)\lambda_i)^2-8k}}{2}},\ 0\leqslant i\leqslant\Theta,\tag{4.2.1}$$

其中，$\Theta=\Theta(d_1,d_2,l,k)$ 表示 i 满足 $\lambda_i\leqslant\dfrac{1-\sqrt{8k}}{d_1+d_2}$ 的最大整数. 容易验证，当 $0\leqslant i\leqslant\Theta$ 时，$1-2k-(d_1+d_2)\lambda_i>0$，$\delta_\pm^{(0)}=\delta_\pm$，$\delta_-^{(i)}$ 和 $\delta_+^{(i)}$ 分别关于 i 是单调递增的和单调递减的(见图 4.1)，$\delta_\pm^{(i)}>0$ 和 $\delta_-^{(i)}\leqslant\delta_+^{(i)}$ (见图 4.2).

注 4.2.2　参数 d_1,d_2,l 和 k 适当取值可使得对于某个 i 满足 $\lambda_i=\dfrac{1-\sqrt{8k}}{d_1+d_2}$，则有 $\delta_-^{(i)}=\delta_+^{(i)}$. 此时，$i$ 的取值为 $i=\Theta$，见图 4.2. 在此情况下，糖酵解模型存在双重 Hopf 分歧，这是后续可研究的内容.

定义

$$X:=\{(u,v)\in H^2(0,l)\times H^2(0,l)\mid u_x=v_x=0,x=0,l\},$$

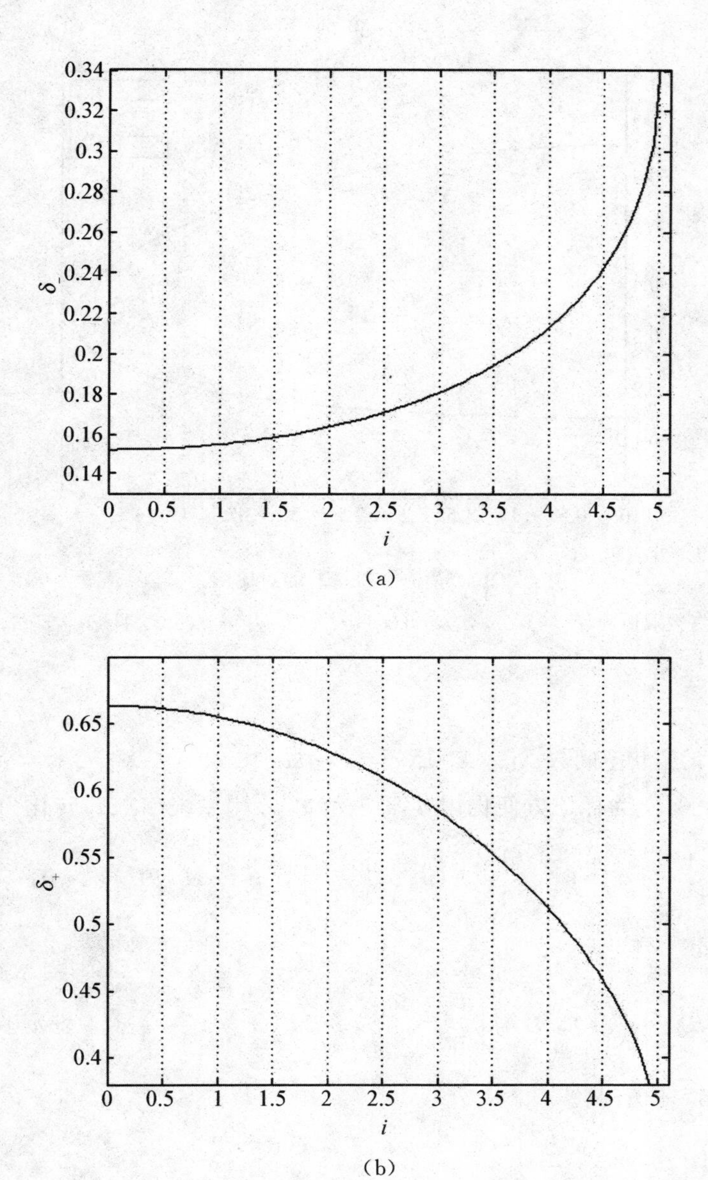

图 4.1 式(4.2.1)的示意图

注:参数取值为 $d_1 = 0.02$, $d_2 = 0.0005$, $l = 6$, $k = 0.0923$, 且 $\Theta = 5$.

(a) $\delta_-^{(i)}$, (b) $\delta_+^{(i)}$.

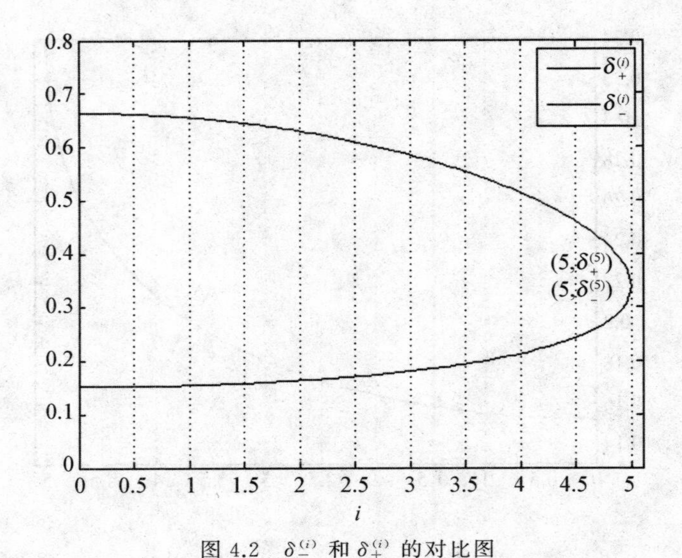

图 4.2　$\delta_-^{(i)}$ 和 $\delta_+^{(i)}$ 的对比图

注:参数取值为 $d_1 = 0.02$, $d_2 = 0.0005$, $l = 6$, $k = 0.0923$, 且 $\Theta = 5$, $\delta_-^{(5)} = \delta_+^{(5)} = 0.3374$.

以及 X 的复化空间 $X_{\mathbb{C}} := X + iX = \{x_1 + ix_2 \mid x_1, x_2 \in X\}$. 令 $\tilde{u} = u - u^*$, $\tilde{v} = v - v^*$, 为标记方便仍用 u, v 表示 $\tilde{u}, \tilde{v}$. 则系统(4.1.1)转化为

$$\begin{pmatrix} u_t \\ v_t \end{pmatrix} = \boldsymbol{L}(\delta)\begin{pmatrix} u \\ v \end{pmatrix} + h(u,v)\begin{pmatrix} -1 \\ 1 \end{pmatrix}, \ x \in (0,l), \ t > 0,$$

其中,

$$\boldsymbol{L}(\delta) = \boldsymbol{D}\,\frac{\partial^2}{\partial^2 x} + \boldsymbol{J}, \ \boldsymbol{D} = \begin{pmatrix} d_1 & 0 \\ 0 & d_2 \end{pmatrix}, \ h(u,v) = \frac{\delta}{k+\delta^2}v^2 + 2\delta uv + uv^2.$$

设特征值问题

$$\begin{cases} -\phi_{xx} = \lambda\phi, & x \in (0,l), \\ \phi_x = 0, & x = 0, l \end{cases}$$

的特征值为 $\lambda_i = (\pi j/l)^2$, $j = 0,1,2,\cdots$, 相应的特征函数为

$$\phi_j(x) = \begin{cases} 1/\sqrt{l}, & j = 0, \\ \sqrt{2/l}\cos(\pi j x/l), & j > 0. \end{cases}$$

定理 4.2.2 设 $\delta < \delta_-$ 或 $\delta > \delta_+$，使得系统(4.1.2)的常数平衡解 (u^*, v^*) 是局部渐近稳定的.

(i) 若存在 $i \geqslant 1$ 使得

$$d_1 d_2 \lambda_i^2 + (d_2 g_0 - d_1 g_1)\lambda_i + g_0 < 0, \tag{4.2.2}$$

则系统(4.1.1)的平衡解 (u^*, v^*) 是不稳定的.

(ii) 若系统参数满足

$$d_2 g_0 - d_1 g_1 + 2\sqrt{d_1 d_2 g_0} > 0, \tag{4.2.3}$$

或

$$d_1 d_2 \lambda_1 + d_2 g_0 - d_1 g_1 > 0, \tag{4.2.4}$$

则系统(4.1.1)的平衡解 (u^*, v^*) 是局部渐近稳定的.

证明 设 μ 是 $\boldsymbol{L}(\delta)$ 的特征值，相应的特征函数为 $\phi = \sum_{i=0}^{\infty} a_i \phi_i$，$\psi = \sum_{i=0}^{\infty} b_i \phi_i$，则有

$$\sum_{i=0}^{\infty} \boldsymbol{B}_i(\delta) \begin{pmatrix} a_i \\ b_i \end{pmatrix} \phi_i = \mu \sum_{i=0}^{\infty} \begin{pmatrix} a_i \\ b_i \end{pmatrix} \phi_i, \quad \boldsymbol{B}_i(\delta) = \begin{pmatrix} f_0 - d_1\lambda_i & f_1 \\ g_0 & g_1 - d_2\lambda_i \end{pmatrix}.$$

所以 $\boldsymbol{L}(\delta)$ 的特征值由 $\boldsymbol{B}_i(\delta), i = 0, 1, 2, \cdots$ 的特征值决定. 而 $\boldsymbol{B}_i(\delta)$ 的特征方程为

$$\mu^2 - T_i \mu + D_i = 0, \quad i = 0, 1, 2, \cdots,$$

其中，

$T_i = -(d_1 + d_2)\lambda_i + f_0 + g_1$，$D_i = d_1 d_2 \lambda_i^2 + (d_2 g_0 - d_1 g_1)\lambda_i + g_0$.

由于 $\delta < \delta_-$ 或 $\delta > \delta_+$，所以 $T_i < 0, i = 0, 1, 2, \cdots$.

(1) 若存在 $i \geqslant 1$ 使得 $d_1 d_2 \lambda_i^2 + (d_2 g_0 - d_1 g_1)\lambda_i + g_0 < 0$，即 $D_i < 0$，则平衡解 (u^*, v^*) 是不稳定的.

(2) 显然 $D_0 > 0$. 令

$$h(x) = d_1 d_2 x^2 + (d_2 g_0 - d_1 g_1)x + g_0.$$

设 $d_2 g_0 - d_1 g_1 > 0$. 若 $d_2 g_0 - d_1 g_1 < 2\sqrt{d_1 d_2 g_0}$，则 $\Delta < 0$，所以 $h(x) > 0$，$x \in \mathbb{R}$. 若 $d_2 g_0 - d_1 g_1 \geqslant 2\sqrt{d_1 d_2 g_0}$，则 $\Delta \geqslant 0$. 于是 $h(x)$

的两根为负，从而 $h(x)>0$，$x>0$. 故当 $d_2g_0-d_1g_1>0$ 时，$h(x)>0$，$x>0$.

设 $d_2g_0-d_1g_1<0$. 若 $d_2g_0-d_1g_1+2\sqrt{d_1d_2g_0}>0$，则 $\Delta<0$，所以 $h(x)>0$，$x\in\mathbb{R}$.

综上所述，当 $d_2g_0-d_1g_1+2\sqrt{d_1d_2g_0}>0$ 时，$D_i>0$，$i=0,1,2,\cdots$. 所以 (u^*,v^*) 是局部渐近稳定的.

(3) 若 $d_1d_2\lambda_1+d_2g_0-d_1g_1>0$，则

$$h(\lambda_1)=(d_1d_2\lambda_1+d_2g_0-d_1g_1)\lambda_1+g_0>0,$$

而且

$$\begin{aligned}h(\lambda_i)&=(d_1d_2\lambda_i+d_2g_0-d_1g_1)\lambda_i+g_0\\&>(d_1d_2\lambda_1+d_2g_0-d_1g_1)\lambda_i+g_0\\&>0,\ i\geqslant 2.\end{aligned}$$

从而 $D_i>0$，$i=0,1,2,\cdots$. 所以 (u^*,v^*) 是局部渐近稳定的. □

定理 4.2.3 (i) 若系统参数满足式(4.2.2)，则系统(4.1.1)在 $\delta=\delta_-$ $(\delta=\delta_+)$ 产生 Hopf 超(次)临界分歧，分歧的周期解是不稳定的.

(ii) 若系统参数满足式(4.2.3)或式(4.2.4)，则系统(4.1.1)在 $\delta=\delta_-$ $(\delta=\delta_+)$ 产生 Hopf 超(次)临界分歧，分歧的周期解是渐近稳定的.

证明 设 $\boldsymbol{L}(\delta)$ 的复特征值为 $\alpha(\delta)+iw(\delta)$. 由于 $\boldsymbol{L}(\delta)$ 的特征值等价于 $\boldsymbol{B}_i(\delta)$，$i=0,1,2,\cdots$ 的特征值，则当 $i=0$ 时，有

$$\alpha(\delta)=\frac{1}{2}\mathrm{tr}\boldsymbol{B}_0(\delta)=\frac{1}{2}(f_0+g_1),$$

$$w(\delta)=\sqrt{\det\boldsymbol{B}_0(\delta)-\alpha^2(\delta)}=\sqrt{k+\delta^2-\alpha^2(\delta)}.$$

显然，

$$\alpha(\delta_\pm)=0,\ w(\delta_\pm)=\sqrt{k+\delta_\pm^2}>0,$$

$$\alpha'(\delta_-)=\frac{\delta_-}{2(\delta_-^2-k)}\left[\sqrt{1-8k}-(1-8k)\right]>0,$$

$$\alpha'(\delta_+)=-\frac{\delta_+}{2(\delta_+^2-k)}\left[\sqrt{1-8k}+(1-8k)\right]<0.$$

所以，系统(4.1.1)在 $\delta=\delta_-$ ($\delta=\delta_+$) 产生 Hopf 分歧.

设 $\boldsymbol{L}^*(\delta)$ 为 $\boldsymbol{L}(\delta)$ 的共轭算子，即使得 $\langle u,\boldsymbol{L}(\delta)v\rangle=\langle \boldsymbol{L}^*(\delta)u,v\rangle$ 成立，其中，空间 $X_{\mathbb{C}}$ 的 L^2 内积为 $\langle \boldsymbol{U}_1,\boldsymbol{U}_2\rangle=\int_0^l(\bar{u}_1u_2+\bar{v}_1v_2)\mathrm{d}x$，$\boldsymbol{U}_1=(u_1,v_1)$，$\boldsymbol{U}_2=(u_2,v_2)\in X_{\mathbb{C}}$，则 $\boldsymbol{L}^*(\delta)$ 可表示为

$$\boldsymbol{L}^*(\delta)=\boldsymbol{D}\frac{\partial^2}{\partial^2x}+\boldsymbol{J}^*,\ \boldsymbol{J}^*=\begin{pmatrix}f_0 & g_0\\ f_1 & g_1\end{pmatrix}.$$

其定义域为 $D(\boldsymbol{L}^*(\delta))=X_{\mathbb{C}}$.

取

$$\boldsymbol{q}=\begin{pmatrix}1\\ -\dfrac{w^2(\delta_\pm)}{w^2(\delta_\pm)+1}-i\dfrac{w(\delta_\pm)}{w^2(\delta_\pm)+1}\end{pmatrix},$$

$$\boldsymbol{q}^*=-\frac{w^2(\delta_\pm)+1}{2w(\delta_\pm)l}\begin{pmatrix}-\dfrac{w(\delta_\pm)}{w^2(\delta_\pm)+1}+i\dfrac{w^2(\delta_\pm)}{w^2(\delta_\pm)+1}\\ i\end{pmatrix}$$

满足 $\boldsymbol{L}(\delta)\boldsymbol{q}=iw(\delta_\pm)\boldsymbol{q}$，$\boldsymbol{L}^*(\delta)\boldsymbol{q}^*=-iw(\delta_\pm)\boldsymbol{q}^*$，$\langle\boldsymbol{q}^*,\boldsymbol{q}\rangle=1$，$\langle\boldsymbol{q}^*,\bar{\boldsymbol{q}}\rangle=0$. 做空间分解 $X=X^c+X^s$，其中，$X^c:=\{z\boldsymbol{q}+\bar{z}\bar{\boldsymbol{q}}\mid z\in\mathbb{C}\}$，$X^s:=\{\boldsymbol{u}\in X\mid\langle\boldsymbol{q}^*,\boldsymbol{u}\rangle=0\}$. 根据空间分解可设

$$\begin{pmatrix}u\\ v\end{pmatrix}=z\boldsymbol{q}+\bar{z}\bar{\boldsymbol{q}}+\begin{pmatrix}w_1\\ w_2\end{pmatrix},$$

其中，$\boldsymbol{w}=\begin{pmatrix}w_1\\ w_2\end{pmatrix}\in X^s$，$z=\langle\boldsymbol{q}^*,(u,v)^{\mathrm{T}}\rangle$，即

$$\begin{aligned}u&=z+\bar{z}+w_1,\\ v&=z\left(-\frac{w^2(\delta_\pm)}{w^2(\delta_\pm)+1}-i\frac{w(\delta_\pm)}{w^2(\delta_\pm)+1}\right)\\ &\quad+\bar{z}\left(-\frac{w^2(\delta_\pm)}{w^2(\delta_\pm)+1}+i\frac{w(\delta_\pm)}{w^2(\delta_\pm)+1}\right)+w_2,\end{aligned}\tag{4.2.5}$$

进而在 $(z,\boldsymbol{w})$ 坐标下式(4.2.5)可化为

$$\begin{aligned}\frac{\mathrm{d}z}{\mathrm{d}t}&=iw(\delta_\pm)z+\langle \boldsymbol{q}^*,\boldsymbol{F}_0\rangle,\\ \frac{\mathrm{d}\boldsymbol{w}}{\mathrm{d}t}&=\boldsymbol{L}(\delta)\boldsymbol{w}+\boldsymbol{H}(z,\bar{z},\boldsymbol{w}),\end{aligned}\tag{4.2.6}$$

其中,

$$\boldsymbol{H}(z,\bar{z},\boldsymbol{w})=\boldsymbol{F}_0-\langle \boldsymbol{q}^*,\boldsymbol{F}_0\rangle\boldsymbol{q}-\langle \bar{\boldsymbol{q}}^*,\boldsymbol{F}_0\rangle\bar{\boldsymbol{q}},\quad \boldsymbol{F}_0=(-h,h)^{\mathrm{T}}.$$

直接计算可得

$$\langle \boldsymbol{q}^*,\boldsymbol{F}_0\rangle=-\frac{w(\delta_\pm)-i}{2w(\delta_\pm)}h,$$

$$\langle \bar{\boldsymbol{q}}^*,\boldsymbol{F}_0\rangle=-\frac{w(\delta_\pm)+i}{2w(\delta_\pm)}h,$$

$$\begin{aligned}\langle \boldsymbol{q}^*,\boldsymbol{F}_0\rangle\boldsymbol{q}+\langle \bar{\boldsymbol{q}}^*,\boldsymbol{F}_0\rangle\bar{\boldsymbol{q}}&=-\frac{w(\delta_\pm)-i}{2w(\delta_\pm)}h\begin{pmatrix}1\\ -\frac{w^2(\delta_\pm)}{w^2(\delta_\pm)+1}-i\frac{w(\delta_\pm)}{w^2(\delta_\pm)+1}\end{pmatrix}\\ &\quad-\frac{w(\delta_\pm)+i}{2w(\delta_\pm)}h\begin{pmatrix}1\\ -\frac{w^2(\delta_\pm)}{w^2(\delta_\pm)+1}+i\frac{w(\delta_\pm)}{w^2(\delta_\pm)+1}\end{pmatrix}\\ &=\begin{pmatrix}-h\\ h\end{pmatrix}.\end{aligned}$$

从而在式(4.2.6)中,

$$\boldsymbol{H}(z,\bar{z},\boldsymbol{w})=\begin{pmatrix}0\\ 0\end{pmatrix}.$$

记 $\boldsymbol{w}=\frac{\boldsymbol{w}_{20}}{2}z^2+\boldsymbol{w}_{11}z\bar{z}+\frac{\boldsymbol{w}_{02}}{2}\bar{z}^2+O(|z|^3)$, 则

$$(2iw(\delta_\pm)\boldsymbol{I}-\boldsymbol{L}(\delta_\pm))\boldsymbol{w}_{20}=\boldsymbol{0},\ -\boldsymbol{L}(\delta_\pm)\boldsymbol{w}_{11}=\boldsymbol{0},\ (-2iw(\delta_\pm)\boldsymbol{I}-\boldsymbol{L}(\delta_\pm))\boldsymbol{w}_{02}=\boldsymbol{0}.$$

所以 $\boldsymbol{w}_{20}=\boldsymbol{w}_{11}=\boldsymbol{w}_{02}=\boldsymbol{0}$. 从而

$$\begin{aligned}\frac{\mathrm{d}z}{\mathrm{d}t}&=iw(\delta_\pm)z+g(z,\bar{z})\\ &=iw(\delta_\pm)z+\frac{i-w(\delta_\pm)}{2w(\delta_\pm)}h\end{aligned}$$

$$=iw(\delta_{\pm})z+\frac{1}{2}g_{20}z^2+g_{11}z\bar{z}+\frac{1}{2}g_{02}\bar{z}^2+\frac{1}{2}z^2\bar{z}+O(|z|^4).$$

记 $b_0:=-\frac{w^2(\delta_{\pm})}{w^2(\delta_{\pm})+1}-i\frac{w(\delta_{\pm})}{w^2(\delta_{\pm})+1}$,则

$$h_{uu}(0,0)=0,\quad h_{uv}(0,0)=2\delta_{\pm},\quad h_{vv}(0,0)=\frac{2\delta_{\pm}}{w^2(\delta_{\pm})},$$

$$h_{uuu}(0,0)=h_{uuv}(0,0)=h_{vvv}(0,0)=0,\quad h_{uvv}(0,0)=2,$$

$$u_z=u_{\bar{z}}=1,\quad v_z=b_0,\quad v_{\bar{z}}=\bar{b}_0.$$

从而

$$g_{20}=\frac{i-w(\delta_{\pm})}{2w(\delta_{\pm})}(2h_{uv}(0,0)b_0+h_{vv}(0,0)b_0^2)$$

$$=\frac{i-w(\delta_{\pm})}{w(\delta_{\pm})}\left(2\delta_{\pm}b_0+\frac{\delta_{\pm}}{w^2(\delta_{\pm})}b_0^2\right),$$

$$g_{11}=\frac{i-w(\delta_{\pm})}{2w(\delta_{\pm})}[h_{uv}(0,0)(b_0+\bar{b}_0)+h_{uv}(0,0)|b_0|^2]$$

$$=\frac{i-w(\delta_{\pm})}{w(\delta_{\pm})}\left[\delta_{\pm}(b_0+\bar{b}_0)+\frac{\delta_{\pm}}{w^2(\delta_{\pm})}|b_0|^2\right],$$

$$g_{02}=\frac{i-w(\delta_{\pm})}{2w(\delta_{\pm})}(2h_{uv}(0,0)\bar{b}_0+h_{vv}(0,0)\bar{b}_0^2)$$

$$=\frac{i-w(\delta_{\pm})}{w(\delta_{\pm})}\left(2\delta_{\pm}\bar{b}_0+\frac{\delta_{\pm}}{w^2(\delta_{\pm})}\bar{b}_0^2\right),$$

$$g_{21}=\frac{i-w(\delta_{\pm})}{2w(\delta_{\pm})}h_{uvv}(0,0)(2|b_0|^2+b_0^2)$$

$$=\frac{i-w(\delta_{\pm})}{w(\delta_{\pm})}(2|b_0|^2+b_0^2).$$

根据文献[84],[123],有

$$c_1(0)=\frac{i}{2w(\delta_{\pm})}\left(g_{20}g_{11}-2|g_{11}|^2-\frac{1}{3}|g_{02}|^2\right)+\frac{g_{21}}{2}.$$

从而经过计算可知

$$\operatorname{Re}c_1(0)=\operatorname{Re}\left\{\frac{i}{2w(\delta_{\pm})}\left(g_{20}g_{11}-2|g_{11}|^2-\frac{1}{3}|g_{02}|^2\right)+\frac{g_{21}}{2}\right\}$$

$$=\mathrm{Re}\left\{\frac{i}{2w(\delta_{\pm})}g_{20}g_{11}+\frac{g_{21}}{2}\right\}$$

$$=\frac{\delta_{\pm}^{2}\left[\delta_{\pm}^{2}-2(k+1)\right]-3k^{2}}{2w^{2}(\delta_{\pm})(w^{2}(\delta_{\pm})+1)}.$$

易验证 $\delta_{\pm}^{2}<2(k+1)$，所以 $\mathrm{Re}\,c_1(0)<0$. 再结合 $\alpha'(\delta_-)>0$ 和 $\alpha'(\delta_+)>0$ 可知，在 (δ_-,u^*,v^*) 产生的 Hopf 分歧是超临界的，而在 (δ_+,u^*,v^*) 产生的 Hopf 分歧是次临界的.

若式(4.2.2)成立，则 $\boldsymbol{L}(\delta_{\pm})$ 存在一个正实部的特征值，从而分歧的周期解是不稳定的. 若式(4.2.3)或式(4.2.4)成立，则 $\boldsymbol{L}(\delta_{\pm})$ 其余的特征值的实部为负. 结合 $\mathrm{Re}\,c_1(0)<0$ 知，在 (δ_-,u^*,v^*) 和 (δ_+,u^*,v^*) 分歧的周期解都是渐近稳定的. □

注 4.2.3　根据定理 4.2.3 知，糖酵解模型 PDE 系统由 (δ_-,u^*,v^*) 和 (δ_+,u^*,v^*) 分歧产生的周期解是空间齐次的，其与相应的 ODE 系统的周期解相连接；由 $(\delta_+^{(i)},u^*,v^*)$ 和 $(\delta_-^{(i)},u^*,v^*)$ $(1\leqslant i<\Theta)$ 分歧产生的周期解是空间非齐次的；由 $(\delta_+^{(\Theta)},u^*,v^*)$ 和 $(\delta_-^{(\Theta)},u^*,v^*)$ 分歧产生的周期解是双模式耦合的空间非齐次周期解.

4.3　数值模拟

本节给出数值模拟来说明和补充所得到的理论结果，所有的数值结果是利用数学软件 MATLAB 实现的，使用的有限差分方法为 Crank-Nicholson 隐格式，进而数值求解初边值问题(4.1.1). 令 $\hat{x}=x/l$，使得空间区域由 $0<\hat{x}<l$ 变为 $0<\hat{x}<1$，在数值模拟中仍用 x 表示 $\hat{x}$.

在本节数值模拟中，固定参数为 $d_1=20,d_2=0.05,k=0.1$ 和 $l=1$，则 $\delta_-=0.4200$ 和 $\delta_+=0.7897$，而参数 δ 取值不同以说明不同的结论. (1) 取参数 $\delta=0.56>\delta_-$，结合定理 4.2.3 知，初边值问题(4.1.1)存在空间齐次周期解，见图 4.3. (2) 取参数 $\delta=0.789<\delta_+$，所得初边值问题(4.1.1)的数值解 u 为空间齐次周期解，而 v 为空间非齐次周期解，见图

4.4. (3) 将参数 δ 取值增大，使得 $\delta=0.889>\delta_{+}$，数值解 u 为常数平衡解，v 为非常数平衡解，见图 4.5.

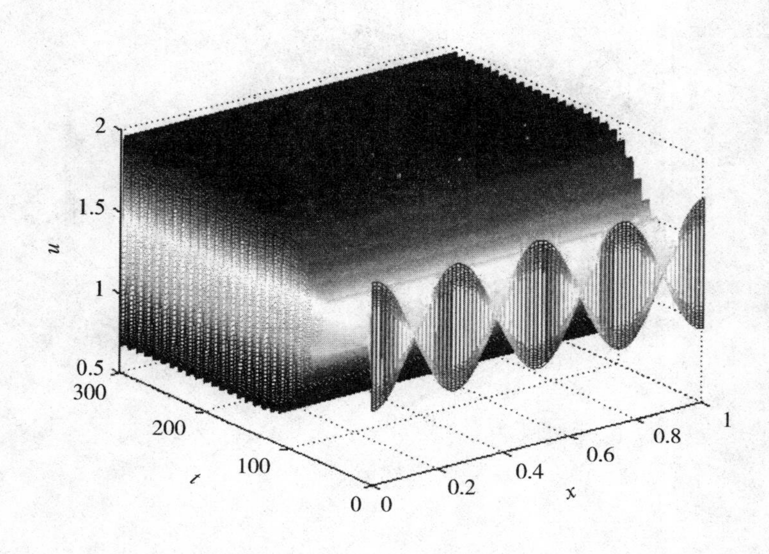

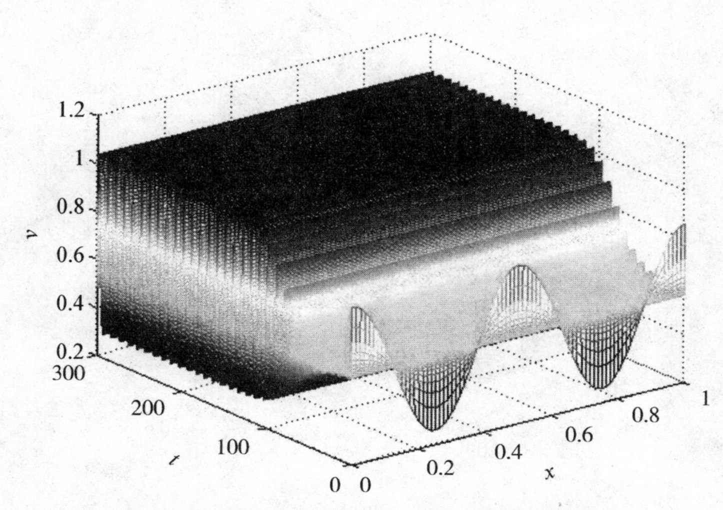

图 4.3 初边值问题(4.1.1)的空间齐次周期解

注:参数取值为 $d_1=20, d_2=0.05, k=0.1, l=1$ 和 $\delta=0.56>\delta_{-}$.

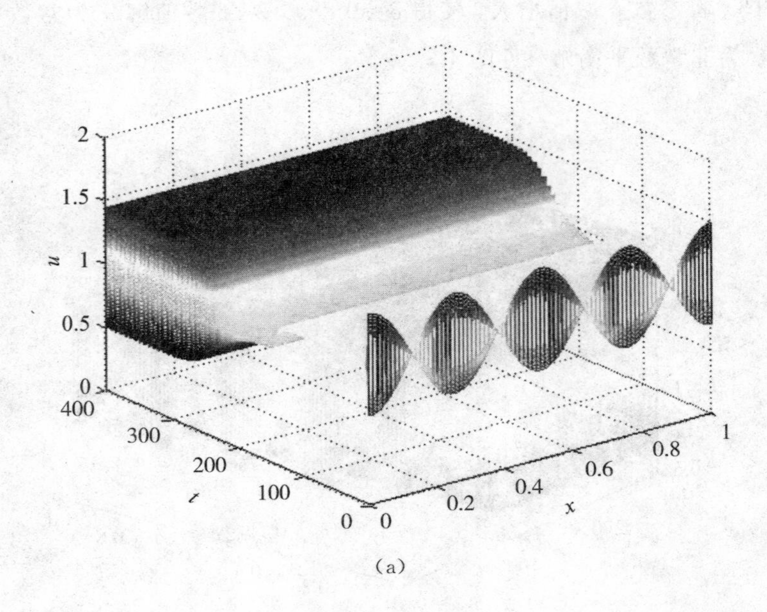

(a)

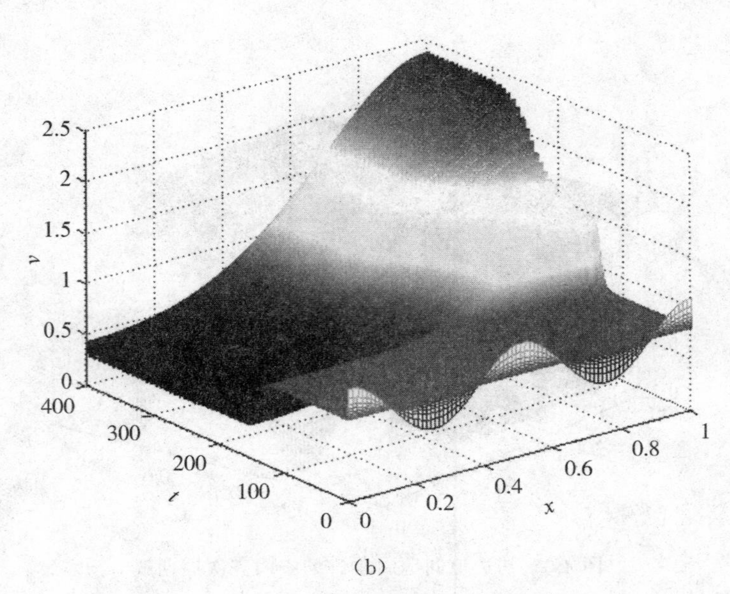

(b)

图 4.4　初边值问题(4.1.1)的周期解

注：参数取值为 $d_1=20, d_2=0.05, k=0.1, l=1$ 和 $\delta=0.789>\delta_+$.图(a)为空间齐次周期解 u，图(b)为空间非齐次周期解 v.

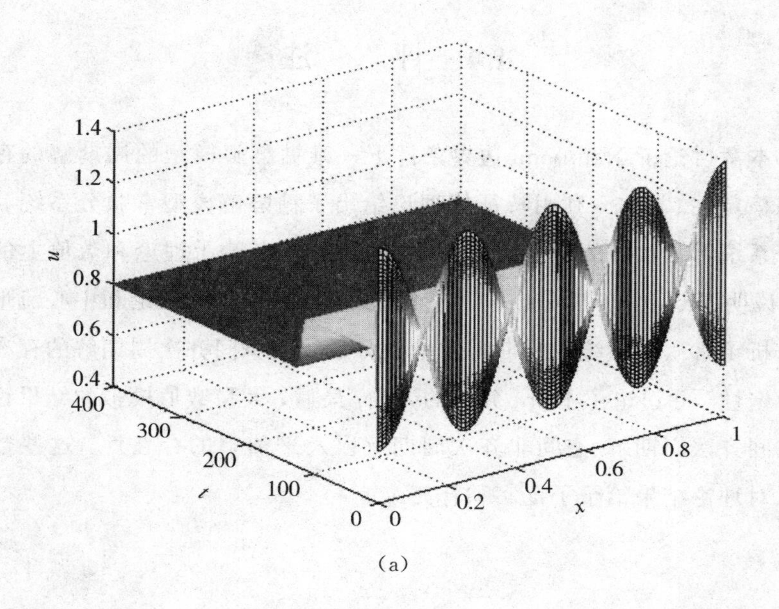

(a)

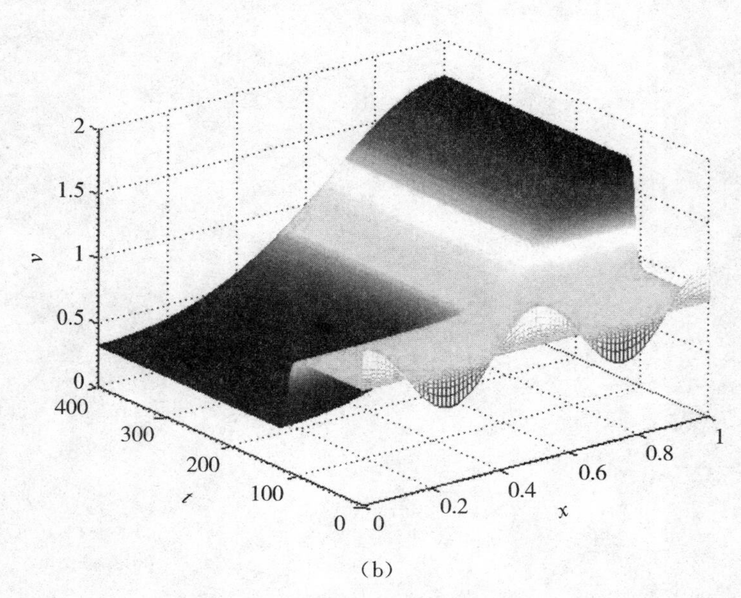

(b)

图 4.5　初边值问题(4.1.1)的平衡解

注:参数取值为 $d_1=20, d_2=0.05, k=0.1, l=1$ 和 $\delta=0.889>\delta_+$.图(a)为常数平衡解 u,图(b)为非常数平衡解 v.

4.4 评　　注

本章讨论了 Neumann 边界条件下一维糖酵解模型的周期解的存在性和稳定性. 首先，利用特征值理论给出了糖酵解模型常微分系统和偏微分系统下常数解的稳定性，并对 Hopf 分歧点给予理论和数值上的刻画，说明了双重 Hopf 分歧的存在性. 其次，利用范式理论和中心流形理论分析了常微分系统的周期解和偏微分系统的空间齐次周期解的存在性和稳定性，并讨论了 Hopf 分歧的方向. 最后，大量数值模拟的结果说明了空间齐次周期解、空间非齐次周期解以及平衡解的存在性，这些数值结果对理论结果给予了证实和补充.

第5章 一维 Neumann 边界条件的糖酵解模型的有限差分法

通常，多数非线性偏微分方程的精确解难以求得，尤其是对于非线性抛物型方程组的定解问题往往不易计算精确解. 由于非线性抛物型偏微分方程广泛应用到生物、化工、物理学、天文学、环境科学、医学等领域，许多学者以数值计算的方法来找出其满足一定精度的近似解，因而促进了非线性抛物型偏微分方程的数值解的研究进展.

有限差分法是求解偏微分方程的主要数值方法之一，是用相邻两个或者多个数值点进行差分取代偏微分方程中的导数或者偏导数的一种计算方法，可将具有定解条件的偏微分方程的连续问题离散化，转化为有限个未知量的离散的代数方程组. 由于同一导数可以用不同的差分进行逼近，于是对于同一偏微分方程的定解问题可得到不同的差分格式，例如显式差分格式、古典隐式差分格式、Crank-Nicolson 隐式格式等.

有限差分格式的三个基本因素是一致性、稳定性和收敛性. 关于线性偏微分方程的有限差分法的收敛性和稳定性已经做了很多研究，参见文献[124]～[131]. 后来，许多数学工作者又考虑了非线性偏微分方程的有限差分法的收敛性和稳定性，参见文献[132]～[139]. 著名的 Lax 等价定理表明，对于适定的线性偏微分方程(组)初值问题，一致的有限差分格式是收敛的充分必要条件是该格式是稳定的[140],[141]. 然而，偏微分方程组和非线性问题的有限差分格式讨论往往比较困难，而且，非线性问题的差分格式可能无法求解.

本章讨论一维 Neumann 边界条件的糖酵解模型的有限差分法，旨在讨论所构造的有限差分格式的一致性、稳定性和收敛性. 首先，通过在求解区域网格划分的基础上构造显格式和 Crank-Nicolson 隐格式. 其次，运用泰勒展开式讨论两格式的一致性及其精度. 再次，基于格式的一致性，运用 Lax 等价定理证明当时空网格满足一定条件时，两格式是线性稳定的和收敛的. 最后，通过数值实验证实显格式和 Crank-Nicolson 隐格式的有效性.

5.1　有限差分格式的建立

糖酵解模型的向量形式表示为

$$\boldsymbol{w}_t=\boldsymbol{A}\boldsymbol{w}_{xx}+\boldsymbol{B}\boldsymbol{w}+\boldsymbol{F}(u,v),\quad x\in(0,l),\ t>0,\tag{5.1.1}$$

$$\boldsymbol{w}_x(0,t)=\boldsymbol{w}_x(l,t)=\boldsymbol{0},\quad t>0,\tag{5.1.2}$$

$$\boldsymbol{w}(x,0)=\boldsymbol{w}_0(x)\geqslant\boldsymbol{0},\quad x\in(0,l),\tag{5.1.3}$$

其中，

$$\boldsymbol{w}=\begin{pmatrix}u\\v\end{pmatrix},\quad \boldsymbol{A}=\begin{pmatrix}d_1&0\\0&d_2\end{pmatrix},\quad \boldsymbol{B}=\begin{pmatrix}-k&0\\k&-1\end{pmatrix},\quad \boldsymbol{F}(u,v)=\begin{pmatrix}\delta-uv^2\\uv^2\end{pmatrix}.$$

这里，u，v 分别为两种物质的浓度，δ 表示输入量，k 表示在酶的低活性状态下的速率常数，d_1，d_2 为两物质的扩散系数.

记空间步长为 $\Delta x=l/M$，时间步长为 Δt，其将空间域和时间域离散化为均匀网格，并用 $x_m=mh,m=0,1,\cdots,M$ 和 $t_n=n\tau$，$n=1,2,\cdots$ 分别表示空间变量和时间变量的网格离散，其中，$\tau=\Delta t,h=\Delta x$，$\boldsymbol{W}_m^n$ 和 $\boldsymbol{w}_m^n$ 分别表示在网格点 (x_m,t_n) 处的近似解和精确解.

在网格点 (x_m,t_n) 处分别采用下列差分来近似偏导数 $\boldsymbol{w}_t$ 和 $\boldsymbol{w}_{xx}$：

$$\frac{1}{\tau}(\boldsymbol{W}_m^{n+1}-\boldsymbol{W}_m^n)\text{和}\frac{1}{h^2}(\boldsymbol{W}_{m+1}^n-2\boldsymbol{W}_m^n+\boldsymbol{W}_{m-1}^n),\ \boldsymbol{W}=(U,V)^{\mathrm{T}},$$

则在网格点 (x_m,t_n) 处逼近方程(5.1.1)的差分方程为

$$\frac{1}{\tau}(\boldsymbol{W}_m^{n+1}-\boldsymbol{W}_m^n)=\frac{1}{h^2}\boldsymbol{A}\delta^2\boldsymbol{W}_m^n+\boldsymbol{B}W_m^n+\boldsymbol{F}(U_m^n,V_m^n),$$

其中，二阶中心差分算子表示为$\delta^2\boldsymbol{W}_m=\boldsymbol{W}_{m+1}-2\boldsymbol{W}_m+\boldsymbol{W}_{m-1}$. 上述显式差分格式在时间和空间上分别采用向前差分和中心差分，简称为 FTCS 格式. 其可化为

$$\boldsymbol{W}_m^{n+1}=r\boldsymbol{A}\boldsymbol{W}_{m+1}^n+(I-2r\boldsymbol{A})\boldsymbol{W}_m^n+r\boldsymbol{A}\boldsymbol{W}_{m-1}^n+k\boldsymbol{B}\boldsymbol{W}_m^n+k\boldsymbol{F}(U_m^n,\ V_m^n),\tag{5.1.4}$$

其中，$r=\dfrac{\tau}{h^2}$.

在网格点$(x_m,t_{n+\frac{1}{2}})$处分别采用下列差分来逼近偏导数$\boldsymbol{w}_t$和$\boldsymbol{w}_{xx}$:

$$\frac{1}{\tau}(\boldsymbol{W}_m^{n+1}-\boldsymbol{W}_m^n)\ \text{和}\ \frac{1}{2h^2}(\delta^2\boldsymbol{W}_m^{n+1}+\delta^2\boldsymbol{W}_m^n).$$

上式运用到$\boldsymbol{w}_{xx}(x_m,\ t_{n+\frac{1}{2}})\approx\dfrac{1}{2}[\boldsymbol{w}_{xx}(x_m,t_{n+1})+\boldsymbol{w}_{xx}(x_m,t_n)]$. 则系统(5.1.1)在网格点$(x_m,t_{n+\frac{1}{2}})$处的差分方程为

$$\begin{aligned}\frac{1}{\tau}(\boldsymbol{W}_m^{n+1}-\boldsymbol{W}_m^n)=&\frac{1}{2h^2}\boldsymbol{A}(\delta^2\boldsymbol{W}_m^{n+1}+\delta^2\boldsymbol{W}_m^n)+\frac{1}{2}\boldsymbol{B}(\boldsymbol{W}_m^{n+1}+\boldsymbol{W}_m^n)\\&+\boldsymbol{F}\left(\frac{U_m^{n+1}+U_m^n}{2},\frac{V_m^{n+1}+V_m^n}{2}\right).\end{aligned}\tag{5.1.5}$$

上述隐格式为 Crank-Nicolson 隐格式，简称 C-N 格式.

对于 Neumann 边界条件(5.1.2)的近似，运用中心差分逼近如下：

$$\frac{\boldsymbol{W}_1^n-\boldsymbol{W}_{-1}^n}{2h}=\boldsymbol{0},\quad \frac{\boldsymbol{W}_{M+1}^n-\boldsymbol{W}_{M-1}^n}{2h}=\boldsymbol{0}.\tag{5.1.6}$$

联合方程和边界条件，将式(5.1.4)与式(5.1.5)分别和式(5.1.6)结合，可得差分边界条件为

$$\begin{aligned}\boldsymbol{W}_0^{n+1}&=2r\boldsymbol{A}\boldsymbol{W}_1^n+(\boldsymbol{I}-2r\boldsymbol{A})\boldsymbol{W}_0^n+\tau\boldsymbol{B}\boldsymbol{W}_0^n+\tau\boldsymbol{F}(U_0^n,\ V_0^n),\\\boldsymbol{W}_M^{n+1}&=(\boldsymbol{I}-2r\boldsymbol{A})\boldsymbol{W}_M^n+2r\boldsymbol{A}\boldsymbol{W}_{M-1}^n+\tau\boldsymbol{B}\boldsymbol{W}_M^n+\tau\boldsymbol{F}(U_M^n,\ V_M^n),\end{aligned}\tag{5.1.7}$$

和

$$\frac{1}{\tau}(\boldsymbol{W}_0^{n+1}-\boldsymbol{W}_0^n)=\frac{1}{h^2}\boldsymbol{A}(\boldsymbol{W}_1^{n+1}-\boldsymbol{W}_0^{n+1}+\boldsymbol{W}_1^n-\boldsymbol{W}_0^n)+\frac{1}{2}\boldsymbol{B}(\boldsymbol{W}_0^{n+1}+\boldsymbol{W}_0^n)$$

$$+\boldsymbol{F}\left(\frac{U_0^{n+1}+U_0^n}{2},\frac{V_0^{n+1}+V_0^n}{2}\right),\tag{5.1.8}$$

$$\frac{1}{\tau}(\boldsymbol{W}_M^{n+1}-\boldsymbol{W}_M^n)=\frac{1}{h^2}\boldsymbol{A}(\boldsymbol{W}_{M-1}^{n+1}-\boldsymbol{W}_M^{n+1}+\boldsymbol{W}_{M-1}^n-\boldsymbol{W}_M^n)+\frac{1}{2}\boldsymbol{B}(\boldsymbol{W}_M^{n+1}+\boldsymbol{W}_M^n)$$

$$+\boldsymbol{F}\left(\frac{U_M^{n+1}+U_M^n}{2},\frac{V_M^{n+1}+V_M^n}{2}\right).$$

5.2　一致性

本节运用泰勒展开式讨论 FTCS 格式(5.1.4)与(5.1.7)和 C-N 格式(5.1.5)与(5.1.8)的一致性，考察其逼近初边值问题(5.1.1)～(5.1.3)的近似程度.

定理 5.2.1　(i) 差分格式(5.1.4)和(5.1.7)点逼近系统(5.1.1)～(5.1.3)，精度为 $\boldsymbol{O}(k)+\boldsymbol{O}(h^2)$.

(ii) 差分格式(5.1.4)和(5.1.7)以 $l_{2,\Delta x}$ 范数逼近系统(5.1.1)～(5.1.3)，精度为 $\boldsymbol{O}(k)+\boldsymbol{O}(h)$.

证明　设 w 是差分方程(5.1.1)的精确解，将其代入方程(5.1.4)，并在网格点 (x_m,t_n) 处运用泰勒展开式可得

$$\begin{aligned}\tau\boldsymbol{v}_m^n&=\boldsymbol{w}_m^{n+1}-[r\boldsymbol{A}\boldsymbol{w}_{m+1}^n+(\boldsymbol{I}-2r\boldsymbol{A})\boldsymbol{w}_m^n+r\boldsymbol{A}\boldsymbol{w}_{m-1}^n+\tau\boldsymbol{B}\boldsymbol{w}_m^n+\tau\boldsymbol{F}(u_m^n,\ v_m^n)]\\&=[\boldsymbol{w}_m^n+\tau(\boldsymbol{w}_t)_m^n+\frac{1}{2!}\tau^2(\boldsymbol{w}_{tt})_m^n+\cdots]-(\boldsymbol{I}-2r\boldsymbol{A})\boldsymbol{w}_m^n-\tau\boldsymbol{B}\boldsymbol{w}_m^n\\&\quad-\tau\boldsymbol{F}(u_m^n,\ v_m^n)-r\boldsymbol{A}[\boldsymbol{w}_m^n+h(\boldsymbol{w}_x)_m^n+\frac{1}{2!}h^2(\boldsymbol{w}_{xx})_m^n+\frac{1}{3!}h^3(\boldsymbol{w}_{xxx})_m^n\\&\quad+\frac{1}{4!}h^4(\boldsymbol{w}_x^{(4)})_m^n+\cdots]-r\boldsymbol{A}[\boldsymbol{w}_m^n-h(\boldsymbol{w}_x)_m^n+\frac{1}{2!}h^2(\boldsymbol{w}_{xx})_m^n\\&\quad-\frac{1}{3!}h^3(\boldsymbol{w}_{xxx})_m^n+\frac{1}{4!}h^4(\boldsymbol{w}_x^{(4)})_m^n+\cdots]\\&=\tau[\boldsymbol{w}_t-\boldsymbol{A}\boldsymbol{w}_{xx}-\boldsymbol{B}\boldsymbol{w}-\boldsymbol{F}(u,v)]_m^n+\frac{1}{2}\tau^2(\boldsymbol{w}_{tt})_m^n-\frac{1}{12}h^2\tau\boldsymbol{A}(\boldsymbol{w}_x^{(4)})_m^n+\cdots\end{aligned}$$

$$=\boldsymbol{O}(\tau^2)+\boldsymbol{O}(h^2\tau),\ m=1,2,\cdots,M-1,$$

其中，上式基于导数 $\boldsymbol{w}_{tt}$ 和 $\boldsymbol{w}_x^{(4)}$ 在点 (x_m,t_n) 处的有界性假设. 于是在点 (x_m,t_n) 处 FTCS 格式(5.1.4)的截断误差为

$$\boldsymbol{v}_m^n=\boldsymbol{O}(\tau)+\boldsymbol{O}(h^2),\ m=1,2,\cdots,M-1.$$

这表明差分方程(5.1.4)是以精度 $\boldsymbol{O}(\tau)+\boldsymbol{O}(h^2)$ 逼近方程(5.1.1)的.

因为差分边界方程(5.1.6)是以精度 $\boldsymbol{O}(h^2)$ 逼近 Neumann 边界条件(5.1.2)的，所以差分格式(5.1.4)和(5.1.7)是点逼近初边值问题(5.1.1)～(5.1.3)的，其精度为 $\boldsymbol{O}(\tau)+\boldsymbol{O}(h^2)$.

为了讨论范数逼近，根据式(5.1.7)可得

$$\begin{aligned}\tau\boldsymbol{v}_0^n&=\boldsymbol{w}_0^{n+1}-[2r\boldsymbol{A}\boldsymbol{w}_1^n+(\boldsymbol{I}-2r\boldsymbol{A})\boldsymbol{w}_0^n+\tau\boldsymbol{B}\boldsymbol{w}_0^n+\tau\boldsymbol{F}(u_0^n,\ v_0^n)]\\&=[\boldsymbol{w}_0^n+\tau(\boldsymbol{w}_t)_0^n+\frac{1}{2!}\tau^2(\boldsymbol{w}_{tt})_0^n+\cdots]-(\boldsymbol{I}-2r\boldsymbol{A})\boldsymbol{w}_0^n-\tau\boldsymbol{B}\boldsymbol{w}_0^n\\&\quad-\tau\boldsymbol{F}(u_0^n,\ v_0^n)-2r\boldsymbol{A}[\boldsymbol{w}_0^n+h(\boldsymbol{w}_x)_0^n+\frac{1}{2!}h^2(\boldsymbol{w}_{xx})_0^n\\&\quad+\frac{1}{3!}h^3(\boldsymbol{w}_{xxx})_0^n+\cdots]\\&=\tau[\boldsymbol{w}_t-\boldsymbol{A}\boldsymbol{w}_{xx}-\boldsymbol{B}\boldsymbol{w}-\boldsymbol{F}(u,v)]_0^n+\frac{1}{2}\tau^2(\boldsymbol{w}_{tt})_0^n-\frac{1}{3}h\tau\boldsymbol{A}(\boldsymbol{w}_{xxx})_0^n+\cdots\\&=\boldsymbol{O}(\tau^2)+\boldsymbol{O}(h\tau)\end{aligned}$$

和

$$\begin{aligned}\tau\boldsymbol{v}_M^n&=\boldsymbol{w}_M^{n+1}-[(\boldsymbol{I}-2r\boldsymbol{A})\boldsymbol{w}_M^n+2r\boldsymbol{A}\boldsymbol{w}_{M-1}^n+\tau\boldsymbol{B}\boldsymbol{w}_M^n+\tau\boldsymbol{F}(u_M^n,\ v_M^n)]\\&=[\boldsymbol{w}_M^n+\tau(\boldsymbol{w}_t)_M^n+\frac{1}{2!}\tau^2(\boldsymbol{w}_{tt})_M^n+\cdots]-(\boldsymbol{I}-2r\boldsymbol{A})\boldsymbol{w}_M^n-\tau\boldsymbol{B}\boldsymbol{w}_M^n\\&\quad-\tau\boldsymbol{F}(u_M^n,\ v_M^n)-2r\boldsymbol{A}[\boldsymbol{w}_M^n-h(\boldsymbol{w}_x)_M^n+\frac{1}{2!}h^2(\boldsymbol{w}_{xx})_M^n\\&\quad-\frac{1}{3!}h^3(\boldsymbol{w}_{xxx})_M^n+\cdots]\\&=\tau[\boldsymbol{w}_t-\boldsymbol{A}\boldsymbol{w}_{xx}-\boldsymbol{B}\boldsymbol{w}-\boldsymbol{F}(u,v)]_M^n+\frac{1}{2}\tau^2(\boldsymbol{w}_{tt})_M^n+\frac{1}{3}h\tau\boldsymbol{A}(\boldsymbol{w}_{xxx})_M^n+\cdots\end{aligned}$$

$$=\boldsymbol{O}(\tau^2)+\boldsymbol{O}(h\tau),$$

其中，上式运用到边界条件 $\boldsymbol{w}_x(0,t)=\boldsymbol{w}_x(l,t)=0$ 和方程 $\boldsymbol{w}_t=\boldsymbol{A}\boldsymbol{w}_{xx}+\boldsymbol{B}\boldsymbol{w}+\boldsymbol{F}(u,v)$. 即

$$\boldsymbol{v}_0^n=\boldsymbol{O}(\tau)+\boldsymbol{O}(h),\ \boldsymbol{v}_M^n=\boldsymbol{O}(\tau)+\boldsymbol{O}(h).$$

再由 $\boldsymbol{v}_m^n=\boldsymbol{O}(\tau)+\boldsymbol{O}(h^2)$, $m=1,2,\cdots,M-1$，结合某些导数的有界性，可得差分格式(5.1.4)和(5.1.7) 以 $l_{2,\Delta x}$ 范数逼近系统(5.1.1)～(5.1.3)，其精度为 $\boldsymbol{O}(\tau)+\boldsymbol{O}(h)$. □

设块对角矩阵

$$\boldsymbol{B}_{pq}=\begin{pmatrix} 2\boldsymbol{A}_p & -2\boldsymbol{A}_p & & & & \\ -\boldsymbol{A}_p & 2\boldsymbol{A}_p & -\boldsymbol{A}_p & & & \\ & -\boldsymbol{A}_p & 2\boldsymbol{A}_p & -\boldsymbol{A}_p & & \\ & & \ddots & \ddots & \ddots & \\ & & & -\boldsymbol{A}_p & 2\boldsymbol{A}_p & -\boldsymbol{A}_p \\ & & & & -2\boldsymbol{A}_p & 2\boldsymbol{A}_p \end{pmatrix},$$

其中，矩阵 $\boldsymbol{A}_p$ 为

$$\boldsymbol{A}_p=\begin{pmatrix} a_1 & & & & \\ & a_2 & & & \\ & & a_3 & & \\ & & & \ddots & \\ & & & & a_p \end{pmatrix},$$

矩阵 $\boldsymbol{B}_{pq}$ 的对角子块的个数为 q.

引理 5.2.1　矩阵 $\boldsymbol{B}_{pq}$ 的特征值为 $a_i\mu_j$, $i=1,2,\cdots,p$, $j=1,2,\cdots,q$，相应的特征向量 $(\xi_{11},\xi_{12},\cdots,\xi_{1p},\cdots,\xi_{q1},\xi_{q2},\cdots,\xi_{qp})^{\mathrm{T}}$ 满足 $(\xi_{1i},\xi_{2i},\cdots,\xi_{qi})^{\mathrm{T}}=(z_{1j},z_{2j},\cdots,z_{qj})^{\mathrm{T}}$ 和 $(\xi_{1l},\xi_{2l},\cdots,\xi_{ql})^{\mathrm{T}}=(0,0,\cdots,0)^{\mathrm{T}}$, $l=1,2,\cdots,i-1,i+1,\cdots,p$，其中，

$$\mu_j=4\sin^2\frac{(2j-1)\pi}{2(q-1)},\ z_{kj}=\cos\frac{(k-1)(2j-1)\pi}{q-1}.$$

证明 设 μ 是 $\boldsymbol{B}_{pq}$ 的特征值，相应的特征向量为

$$\boldsymbol{\xi}=(\boldsymbol{\xi}_1^{\mathrm{T}},\ \boldsymbol{\xi}_2^{\mathrm{T}},\ \cdots,\boldsymbol{\xi}_q^{\mathrm{T}})^{\mathrm{T}},\ \boldsymbol{\xi}_s=(\xi_{s1},\xi_{s2},\cdots,\xi_{sp})^{\mathrm{T}},\ s=1,\ 2,\ \cdots,q.$$

即 $\boldsymbol{B}_{pq}\boldsymbol{\xi}=\mu\boldsymbol{\xi}$. 则有

$$\begin{cases}2\boldsymbol{A}_p\boldsymbol{\xi}_1-2\boldsymbol{A}_p\boldsymbol{\xi}_2=\mu\boldsymbol{\xi}_1,\\ -\boldsymbol{A}_p\boldsymbol{\xi}_1+2\boldsymbol{A}_p\boldsymbol{\xi}_2-\boldsymbol{A}_p\boldsymbol{\xi}_3=\mu\boldsymbol{\xi}_2,\\ \qquad\cdots\\ -\boldsymbol{A}_p\boldsymbol{\xi}_{q-2}+2\boldsymbol{A}_p\boldsymbol{\xi}_{q-1}-\boldsymbol{A}_p\boldsymbol{\xi}_q=\mu\boldsymbol{\xi}_{q-1},\\ -2\boldsymbol{A}_p\boldsymbol{\xi}_{q-1}+2\boldsymbol{A}_p\boldsymbol{\xi}_q=\mu\boldsymbol{\xi}_q.\end{cases}$$

于是

$$a_i\boldsymbol{T}_q\boldsymbol{\zeta}_i=\mu\boldsymbol{\zeta}_i,\ i=1,2,\cdots,p, \tag{5.2.1}$$

其中，$\boldsymbol{\zeta}_i=(\xi_{1i},\xi_{2i},\cdots,\xi_{qi})^{\mathrm{T}}$ 和

$$\boldsymbol{T}_q=\begin{pmatrix}2 & -2 & & & & \\ -1 & 2 & -1 & & & \\ & -1 & 2 & -1 & & \\ & & \ddots & \ddots & \ddots & \\ & & & -1 & 2 & -1\\ & & & & -2 & 2\end{pmatrix}_q.$$

根据文献[140]，[142]可知，$\boldsymbol{T}_q$ 的特征值和相应的特征向量分别为

$$\mu_j=2-2\cos\frac{(2j-1)\pi}{q-1}=4\sin^2\frac{(2j-1)\pi}{2(q-1)},\quad j=1,2,\cdots,q,$$

$$\boldsymbol{\eta}_j=(z_{1j},z_{2j},\cdots,z_{qj})^{\mathrm{T}},\ z_{kj}=\cos\frac{(k-1)(2j-1)\pi}{q-1},\quad k,j=1,2,\cdots,q.$$

结合式(5.2.1)可得，$a_i\boldsymbol{T}_q(i\in\{1,\ 2,\ \cdots,p\})$ 的特征值为 $a_i\mu_j,j=1,$ $2,\ \cdots,q$，特征向量为 $\boldsymbol{\eta}_j,\ j=1,2,\cdots,q$. 由此可得，$\boldsymbol{B}_{pq}$ 的特征值为 $\lambda_{ij}=a_i\mu_j,i=1,2,\cdots,p,\ j=1,2,\cdots,q$. 相应的特征向量 $\boldsymbol{\xi}$ 满足 $(\xi_{1i},\xi_{2i},\cdots,\xi_{qi})^{\mathrm{T}}=(z_{1j},z_{2j},\cdots,z_{qj})^{\mathrm{T}}$ 和 $(\xi_{1l},\xi_{2l},\cdots,\xi_{ql})^{\mathrm{T}}=(0,0,\cdots,0)^{\mathrm{T}}$, $l=1,2,\cdots,i-1,i+1,\cdots,p$. □

定理 5.2.2　(i) 差分格式(5.1.5)和(5.1.8)点逼近系统(5.1.1)～(5.1.3)，精度为 $\boldsymbol{O}(\tau^2)+\boldsymbol{O}(h^2)$.

(ii) 差分格式(5.1.5)和(5.1.8)以 $l_{2,\Delta x}$ 范数逼近系统(5.1.1)～(5.1.3)，精度为 $\boldsymbol{O}\left(\dfrac{\tau^2}{h}\right)+\boldsymbol{O}(\tau^2)+\boldsymbol{O}(h)$.

证明　类似地，将方程(5.1.1)的精确解 $\boldsymbol{w}$ 代入方程(5.1.5)，并在网格点 $(x_m,\ t_{n+\frac{1}{2}})$ 运用泰勒展开式，可得

$$
\begin{aligned}
\boldsymbol{\iota}_m^n &= \frac{1}{\tau}(\boldsymbol{w}_m^{n+1}-\boldsymbol{w}_m^n)-\frac{1}{2h^2}\boldsymbol{A}(\boldsymbol{w}_{m+1}^{n+1}-2\boldsymbol{w}_m^{n+1}+\boldsymbol{w}_{m-1}^{n+1}+\boldsymbol{w}_{m+1}^n-2\boldsymbol{w}_m^n \\
&\quad +\boldsymbol{w}_{m-1}^n)-\frac{1}{2}\boldsymbol{B}(\boldsymbol{w}_m^{n+1}+\boldsymbol{w}_m^n)-\boldsymbol{F}\left(\frac{u_m^{n+1}+u_m^n}{2},\frac{v_m^{n+1}+v_m^n}{2}\right) \\
&=[\boldsymbol{w}_t-\boldsymbol{A}\boldsymbol{w}_{xx}-\boldsymbol{B}\boldsymbol{w}-\boldsymbol{F}(u,v)]_m^{n+\frac{1}{2}}+\boldsymbol{O}(\tau^2)+\boldsymbol{O}(h^2) \\
&=\boldsymbol{O}(\tau^2)+\boldsymbol{O}(h^2),\quad m=1,2,\cdots,M-1.
\end{aligned}
$$

上述式子运用到 u 和 v 在网格点 $(x_m,\ t_{n+\frac{1}{2}})$ 处的某些导数的有界性假定. 由于差分边界方程(5.1.6)以 $\boldsymbol{O}(h^2)$ 逼近方程(5.1.2)，则差分格式(5.1.5)和(5.1.8)是以精度 $\boldsymbol{O}(\tau^2)+\boldsymbol{O}(h^2)$ 点逼近初边值问题(5.1.1)～(5.1.3)的.

为了进一步讨论格式的 $l_{2,\Delta x}$ 范数一致性，运用边界条件 $\boldsymbol{w}_x(0,t)=\boldsymbol{0}$ 和方程 $\boldsymbol{w}_t=\boldsymbol{A}\boldsymbol{w}_{xx}+\boldsymbol{B}\boldsymbol{w}+\boldsymbol{F}(u,\ v)$，可得截断误差

$$
\begin{aligned}
\boldsymbol{\iota}_0^n &= \frac{1}{\tau}(\boldsymbol{w}_0^{n+1}-\boldsymbol{w}_0^n)-\frac{1}{h^2}\boldsymbol{A}(\boldsymbol{w}_1^{n+1}-\boldsymbol{w}_0^{n+1}+\boldsymbol{w}_1^n-\boldsymbol{w}_0^n)-\frac{1}{2}\boldsymbol{B}(\boldsymbol{w}_0^{n+1}+\boldsymbol{w}_0^n) \\
&\quad -\boldsymbol{F}(\frac{u_0^{n+1}+u_0^n}{2},\frac{v_0^{n+1}+v_0^n}{2}) \\
&=[\boldsymbol{w}_t-\boldsymbol{A}\boldsymbol{w}_{xx}-\boldsymbol{B}\boldsymbol{w}-\boldsymbol{F}(u,v)]_0^{n+\frac{1}{2}}+\boldsymbol{O}\left(\frac{\tau^2}{h}\right)+\boldsymbol{O}(\tau^2)+\boldsymbol{O}(h) \\
&=\boldsymbol{O}\left(\frac{\tau^2}{h}\right)+\boldsymbol{O}(\tau^2)+\boldsymbol{O}(h).
\end{aligned}
$$

同理，根据边界条件 $\boldsymbol{w}_x(l,t)=\boldsymbol{0}$ 和方程 $\boldsymbol{w}_t=\boldsymbol{A}\boldsymbol{w}_{xx}+\boldsymbol{B}\boldsymbol{w}+\boldsymbol{F}(u,\ v)$，可

得截断误差 $\boldsymbol{\iota}_M^n$ 为 $\boldsymbol{O}\left(\frac{\tau^2}{h}\right)+\boldsymbol{O}(\tau^2)+\boldsymbol{O}(h)$.

根据文献[140]，为了方便讨论范数一致性，将格式(5.1.5)写成

$$\boldsymbol{W}^{n+1}=R\boldsymbol{W}^n+k\boldsymbol{G}^n,$$

并将精确解 $\boldsymbol{w}$ 代入，可得

$$\boldsymbol{w}^{n+1}=R\boldsymbol{w}^n+\tau\boldsymbol{G}^n+\tau\boldsymbol{v}^n,$$

其中，

$$\boldsymbol{v}^n=(\boldsymbol{I}+\boldsymbol{B}_{2(M+1)})^{-1}\boldsymbol{\iota}^n,\quad \boldsymbol{A}_2=\begin{pmatrix}\bar{r}_1 & \\ & \bar{r}_2\end{pmatrix},\quad \bar{r}_i=d_i\bar{r},\quad \bar{r}=\frac{\tau}{2h^2},\quad i=1,2.$$

接下来讨论 $(\boldsymbol{I}+\boldsymbol{B}_{2(M+1)})^{-1}$ 的 $l_{2,\Delta x}$ 范数有界性. 由引理 5.2.1 可知，矩阵 $\boldsymbol{I}+\boldsymbol{B}_{2(M+1)}$ 的特征值为 $1+\bar{r}_i\mu_j$, $i=1,2$, $j=1,2,\cdots,M+1$. 从而结合 $\|\boldsymbol{N}^{-1}\|_{l_{2,\Delta x}}=\frac{1}{|\lambda|_{\min}}$($\lambda$ 是矩阵 $\boldsymbol{N}$ 的特征值)可知，

$$\|(\boldsymbol{I}+\boldsymbol{B}_{2(M+1)})^{-1}\|_{l_{2,\Delta x}}=\frac{1}{\min\{|1+\bar{r}_i\mu_j|:i=1,2,\ j=1,2,\cdots,M+1\}}\leqslant 1.$$

这表明当 τ 和 h 趋于 0 时，$(\boldsymbol{I}+\boldsymbol{B}_{2(M+1)})^{-1}$ 是 $l_{2,\Delta x}$ 范数有界的，则根据 $\|\boldsymbol{v}^n\|\leqslant\|(\boldsymbol{I}+\boldsymbol{B}_{2(M+1)})^{-1}\|\|\boldsymbol{\iota}^n\|$ 可知，格式(5.1.5)的范数一致性由截断误差 $\boldsymbol{\iota}^n$ 决定. 因此，差分格式(5.1.5)和(5.1.8)是关于 $l_{2,\Delta x}$ 范数一致的，其精度为 $\boldsymbol{O}\left(\frac{\tau^2}{h}\right)+\boldsymbol{O}(\tau^2)+\boldsymbol{O}(h)$. □

5.3 稳定性和收敛性

著名的 Lax 等价定理适用于线性偏微分方程(组)初值问题. 鉴于糖酵解模型的非线性和耦合性，基于糖酵解模型的 FTCS 格式和 C-N 格式的一致性，本节讨论 FTCS 格式和 C-N 格式的线性稳定性和收敛性. 根据文献[140]可知，任何零阶项不影响差分格式的稳定性结论.

定理 5.3.1 当 $r_i\leqslant\frac{1}{2}$, $i=1,2$ 时，逼近系统(5.1.1)～(5.1.3)的差

分格式(5.1.4)和(5.1.7)是线性稳定和收敛的.

证明　省略差分格式(5.1.4)和(5.1.7)的零阶项和非齐次项得

$$\boldsymbol{W}_m^{n+1} = r\boldsymbol{A}\boldsymbol{W}_{m+1}^n + (\boldsymbol{I} - 2r\boldsymbol{A})\boldsymbol{W}_m^n + r\boldsymbol{A}\boldsymbol{W}_{m-1}^n,\ m = 1,2,\cdots,M-1,$$

$$\boldsymbol{W}_0^{n+1} = 2r\boldsymbol{A}\boldsymbol{W}_1^n + (\boldsymbol{I} - 2r\boldsymbol{A})\boldsymbol{W}_0^n,$$

$$\boldsymbol{W}_M^{n+1} = (\boldsymbol{I} - 2r\boldsymbol{A})\boldsymbol{W}_M^n + 2r\boldsymbol{A}\boldsymbol{W}_{M-1}^n.$$

将上述格式分解为两个标量差分格式，每个差分格式表示为以下矩阵形式：

$$\boldsymbol{U}^{n+1} = \boldsymbol{Q}_1\boldsymbol{U}^n,\quad \boldsymbol{V}^{n+1} = \boldsymbol{Q}_2\boldsymbol{V}^n,$$

其中，

$$\boldsymbol{Q}_i = \boldsymbol{I} - r_i\boldsymbol{T}_{M+1},\quad r_i = d_i r,\quad i = 1,2.$$

由 $\sigma(\boldsymbol{Q}) = \max\{|\lambda|:\lambda$ 是矩阵 $\boldsymbol{Q}$ 的特征值$\}$ 可知，$\sigma(\boldsymbol{Q}_i) = \max\{|1 - r_i\mu_j|,\ j = 1,2,\cdots,M+1\} \leqslant 1$，其中，$r_i \leqslant \dfrac{1}{2}$，$i = 1,2$. 因此，差分格式(5.1.4)和(5.1.7)关于 $l_{2,\Delta x}$ 范数是线性稳定的. 结合格式的一致性可知，系统(5.1.1)～(5.1.3)的差分格式(5.1.4)和(5.1.7)在 $l_{2,\Delta x}$ 范数意义下是线性收敛的. □

定理 5.3.2　逼近系统(5.1.1)～(5.1.3)的差分格式(5.1.5)和(5.1.8)是无条件线性稳定和收敛的.

证明　类似地，省略差分格式(5.1.5)和(5.1.8)的零阶项和非齐次项得

$$-\bar{r}\boldsymbol{A}\boldsymbol{W}_{m+1}^{n+1} + (\boldsymbol{I} + 2\bar{r}\boldsymbol{A})\boldsymbol{W}_m^{n+1} - \bar{r}\boldsymbol{A}\boldsymbol{W}_{m-1}^{n+1} = \bar{r}\boldsymbol{A}\boldsymbol{W}_{m+1}^n + (\boldsymbol{I} - 2\bar{r}\boldsymbol{A})\boldsymbol{W}_m^n + \bar{r}\boldsymbol{A}\boldsymbol{W}_{m-1}^n,$$
$$m = 1,2,\cdots,M-1,$$

$$-2\bar{r}\boldsymbol{A}\boldsymbol{W}_1^{n+1} + (\boldsymbol{I} + 2\bar{r}\boldsymbol{A})\boldsymbol{W}_0^{n+1} = 2\bar{r}\boldsymbol{A}\boldsymbol{W}_1^n + (\boldsymbol{I} - 2\bar{r}\boldsymbol{A})\boldsymbol{W}_0^n,$$

$$(\boldsymbol{I} + 2\bar{r}\boldsymbol{A})\boldsymbol{W}_M^{n+1} - 2\bar{r}\boldsymbol{A}\boldsymbol{W}_{M-1}^n = (\boldsymbol{I} - 2\bar{r}\boldsymbol{A})\boldsymbol{W}_M^n + 2\bar{r}\boldsymbol{A}\boldsymbol{W}_{M-1}^n.$$

分解为差分格式

$$\bar{\boldsymbol{P}}_1\boldsymbol{U}^{n+1} = \bar{\boldsymbol{Q}}_1\boldsymbol{U}^n,\quad \bar{\boldsymbol{P}}_2\boldsymbol{V}^{n+1} = \bar{\boldsymbol{Q}}_2\boldsymbol{V}^n,$$

其中，

$$\bar{\boldsymbol{P}}_i = \boldsymbol{I} + \bar{r}_i\boldsymbol{T}_{M+1},\quad \bar{\boldsymbol{Q}}_i = \boldsymbol{I} - \bar{r}_i\boldsymbol{T}_{M+1},\ i = 1,2.$$

于是可得

$$\boldsymbol{U}^{n+1}=\overline{\boldsymbol{P}}_1^{-1}\overline{\boldsymbol{Q}}_1\boldsymbol{U}^n,\quad \boldsymbol{V}^{n+1}=\overline{\boldsymbol{P}}_2^{-1}\overline{\boldsymbol{Q}}_2\boldsymbol{V}^n.$$

因为矩阵 $\overline{\boldsymbol{P}}_i$ 和 $\overline{\boldsymbol{Q}}_i$ 的特征值分别是 $1+\bar{r}_i\mu_j$ 和 $1-\bar{r}_i\mu_j$，$j=1,2,\cdots,M+1$，$i\in\{1,2\}$，而且 $\overline{\boldsymbol{P}}_i$ 和 $\overline{\boldsymbol{Q}}_i$，$i\in\{1,2\}$ 有相同的特征向量，所以 $\overline{\boldsymbol{P}}_i^{-1}\overline{\boldsymbol{Q}}_i$，$i=1,2$ 的特征值为

$$\bar{\lambda}_{ij}=\frac{1-\bar{r}_i\mu_j}{1+\bar{r}_i\mu_j}=\frac{1-4\bar{r}_i\sin^2\dfrac{(2j-1)\pi}{2M}}{1+4\bar{r}_i\sin^2\dfrac{(2j-1)\pi}{2M}},\quad j=1,2,\cdots,M+1.$$

显然，$\sigma(\overline{P}_i^{-1}\overline{Q}_i)\leqslant 1$，$i=1,2$.

令

$$\boldsymbol{D}=\begin{pmatrix}\sqrt{2} & & & & \\ & 1 & & & \\ & & \ddots & & \\ & & & 1 & \\ & & & & \sqrt{2}\end{pmatrix}_{M+1}$$

和

$$\boldsymbol{S}=\begin{pmatrix}-2 & \sqrt{2} & & & & \\ \sqrt{2} & -2 & 1 & & & \\ & 1 & -2 & 1 & & \\ & & \ddots & \ddots & \ddots & \\ & & & 1 & -2 & \sqrt{2} \\ & & & & \sqrt{2} & -2\end{pmatrix}_{M+1}.$$

于是，

$$\boldsymbol{D}^{-1}\overline{\boldsymbol{P}}_i\boldsymbol{D}=\boldsymbol{I}-\bar{r}_i\boldsymbol{S},\quad \boldsymbol{D}^{-1}\overline{\boldsymbol{Q}}_i\boldsymbol{D}=\boldsymbol{I}+\bar{r}_i\boldsymbol{S},\ i=1,2.$$

因此，

$$\boldsymbol{D}^{-1}(\overline{\boldsymbol{P}}_i^{-1}\overline{\boldsymbol{Q}}_i)\boldsymbol{D}=(\boldsymbol{D}^{-1}\overline{\boldsymbol{P}}_i^{-1}\boldsymbol{D})(\boldsymbol{D}^{-1}\overline{\boldsymbol{Q}}_i\boldsymbol{D})=[\boldsymbol{I}-\bar{r}_i\boldsymbol{S}]^{-1}[\boldsymbol{I}+\bar{r}_i\boldsymbol{S}].$$

显然，矩阵 $\boldsymbol{I}-\bar{r}_i\boldsymbol{S}$ 和 $\boldsymbol{I}+\bar{r}_i\boldsymbol{S}$，$i=1,2$ 是对称的，则 $[\boldsymbol{I}-\bar{r}_i\boldsymbol{S}]^{-1}$，$i=1,2$ 是对称的. 由于

$$[\boldsymbol{I}-\bar{r}_i\boldsymbol{S}][\boldsymbol{I}+\bar{r}_i\boldsymbol{S}]=[\boldsymbol{I}+\bar{r}_i\boldsymbol{S}][\boldsymbol{I}-\bar{r}_i\boldsymbol{S}],\ i=1,2,$$

故

$$[\boldsymbol{I}-\bar{r}_i\boldsymbol{S}]^{-1}[\boldsymbol{I}+\bar{r}_i\boldsymbol{S}]=[\boldsymbol{I}+\bar{r}_i\boldsymbol{S}][\boldsymbol{I}-\bar{r}_i\boldsymbol{S}]^{-1},\ i=1,2.$$

这表明矩阵 $[\boldsymbol{I}-\bar{r}_i\boldsymbol{S}]^{-1}$ 和 $\boldsymbol{I}+\bar{r}_i\boldsymbol{S}$，$i=1,2$ 是对称的且可交换的. 即 $[\boldsymbol{I}-\bar{r}_i\boldsymbol{S}]^{-1}[\boldsymbol{I}+\bar{r}_i\boldsymbol{S}]$，$i=1,2$ 是对称矩阵. 于是 $\bar{\boldsymbol{P}}_i^{-1}\bar{\boldsymbol{Q}}_i$，$i=1,2$ 相似于对称矩阵，则 $\sigma(\bar{\boldsymbol{P}}_i^{-1}\bar{\boldsymbol{Q}}_i)\leqslant 1$，$i=1,2$ 是格式(5.1.5)和(5.1.8)在 $l_{2,\Delta x}$ 范数下线性稳定的充要条件. 因此格式(5.1.5)和(5.1.8)在 $l_{2,\Delta x}$ 范数下是无条件线性稳定的和收敛的. □

5.4 数值实验

本节运用数值方法检验糖酵解模型的 FTCS 格式和 C-N 格式的有效性. 对于系统(5.1.1)～(5.1.3)，在数值模拟中参数 δ,k,l,d_1,d_2 取为 $\delta=3,k=0.1,l=6,d_1=8.3124,d_2=0.15$，则可得系统(5.1.1)～(5.1.3)的常数平衡解为 $u_s=\dfrac{\delta}{k+\delta^2}=0.3297,v_s=\delta=3$. 令 $\hat{x}=x/l$，则空间范围由 $0<x<l$ 变为 $0<\hat{x}<1$，仍用 x 代替表示 $\hat{x}$.

取初值条件为

$$u(x,0)=u_s-0.001\cos\frac{3\pi x}{l},\ v(x,0)=v_s+0.01\cos\frac{3\pi x}{l},\ x\in(0,l),$$

空间步长为 $h=0.0125$，时间步长为 $\tau=0.05$，时刻 $t=60$. 图 5.1 和图 5.2 分别是由 FTCS 格式(5.1.4)与(5.1.7)和 C-N 格式(5.1.5)与(5.1.8)得到的边值问题(5.1.1)～(5.1.3)数值解的三维立体图，这表明 FTCS 格式和 C-N 格式是稳定的. 图 5.3 和图 5.4 用于 FTCS 格式和 C-N 格式的数值解比较.

注 5.4.1　由于在给定的初始条件下糖酵解模型的精确解不易计算，

因此本节没有给出 FTCS 格式和 C-N 格式的收敛性检验表.

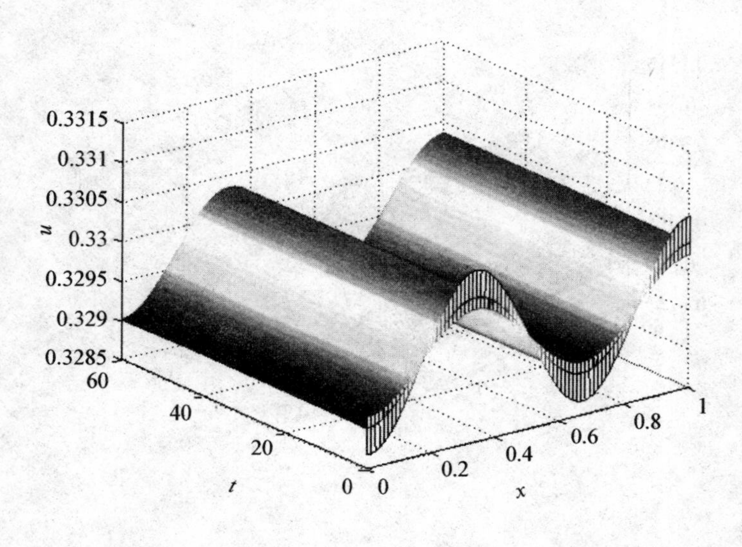

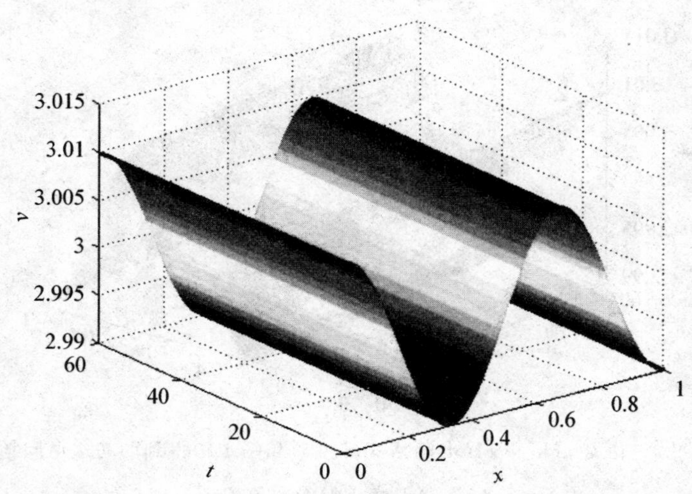

图 5.1 由显格式(5.1.4)和(5.1.7)得到的初边值问题(5.1.1)～(5.1.3)的数值解

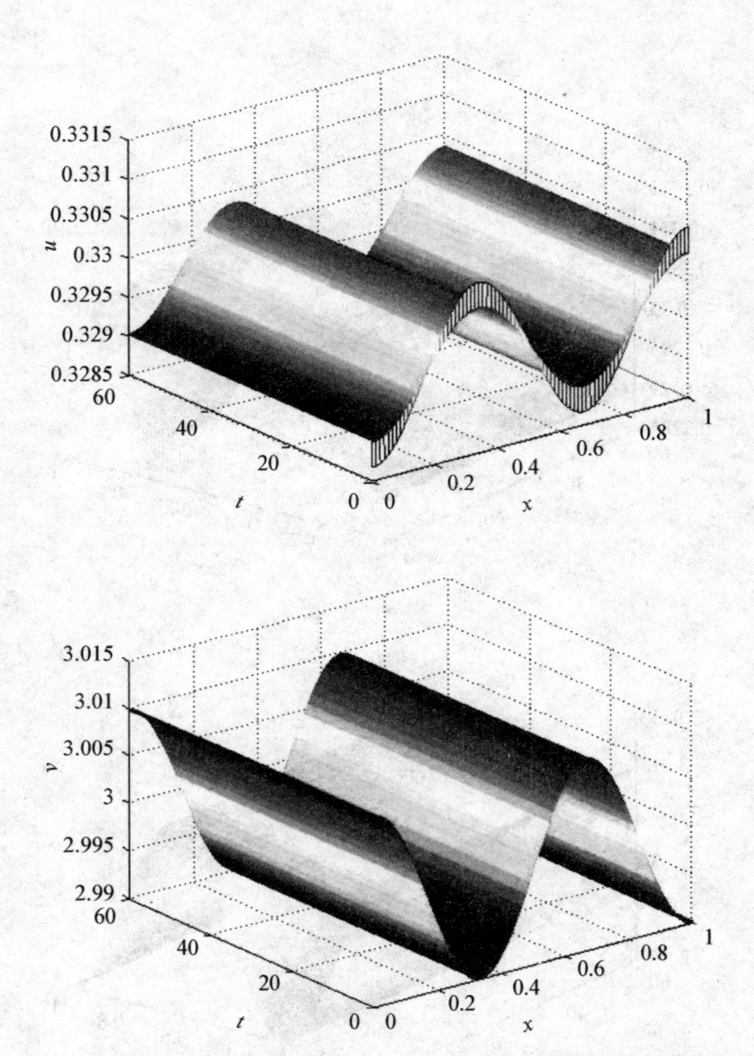

图 5.2　由 Crank-Nicolson 隐格式(5.1.5)和(5.1.8)得到的初边值问题(5.1.1)～(5.1.3)的数值解

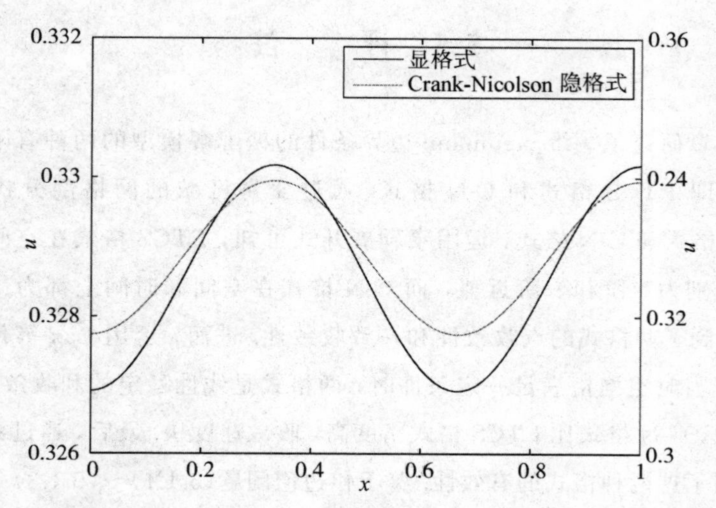

图 5.3　初边值问题(5.1.1)～(5.1.3)的显格式和 Crank-Nicolson 隐格式生成的解 u 的比较

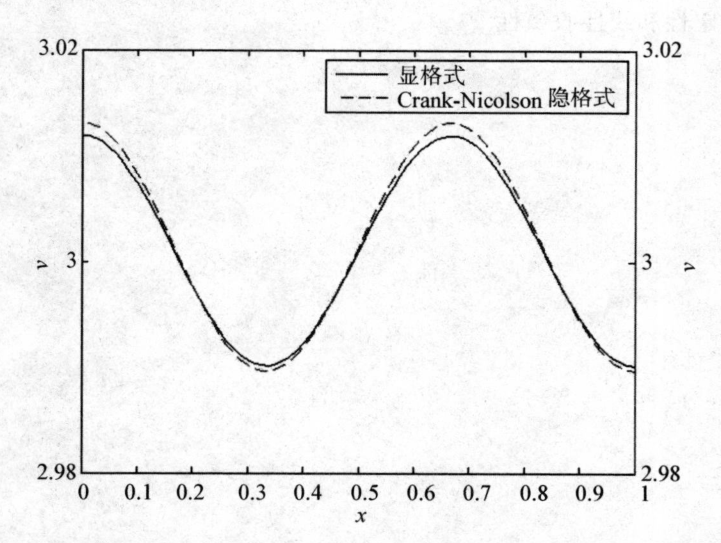

图 5.4　初边值问题(5.1.1)～(5.1.3)的显格式和 Crank-Nicolson 隐格式生成的解 v 的比较

5.5 评　注

本章研究了一维 Neumann 边界条件的糖酵解模型的两种有限差分格式，即 FTCS 格式和 C-N 格式. 通过变量区域的网格剖分构造了 FTCS 格式和 C-N 格式，运用泰勒展开式可知，FTCS 格式在空间和时间上分别为二阶和一阶近似，而 C-N 格式在空间和时间上都为二阶近似，得到了两格式的点收敛性和一致收敛性. 进而，运用 Lax 等价定理证明了当时空网格满足一定条件时，两格式是线性稳定的和收敛的. 结果表明，C-N 格式比 FTCS 格式精度高，收敛速度快. 最后，通过数值实验说明了这两种格式的有效性. 鉴于初边值问题(5.1.1)～(5.1.3)是两方程构成的耦合的非线性方程组，因此，在讨论差分格式的稳定性和收敛性时，运用特征值理论和矩阵相似变换分析了 FTCS 格式和 C-N 格式的线性稳定性和线性收敛性.

第 6 章　一维固定边界条件的糖酵解模型的平衡解

6.1　引　　言

为了完备糖酵解模型的定性分析，本章考虑固定边界条件的糖酵解模型：

$$
\begin{cases}
\dfrac{\partial U}{\partial t}=d_1\dfrac{\partial^2 U}{\partial x^2}+\delta-kU-UV^2, & x\in(0,l),t>0,\\[2mm]
\dfrac{\partial V}{\partial t}=d_2\dfrac{\partial^2 V}{\partial x^2}+kU-V+UV^2, & x\in(0,l),t>0,
\end{cases}
\tag{6.1.1}
$$

其边界条件和初始条件分别为

$$
U=\frac{\delta}{k+\delta^2},\quad V=\delta,\quad x=0,l,\quad t>0,
\tag{6.1.2}
$$

$$
U(x,0)=U_0(x)>0,\ V(x,0)=V_0(x)>0,\ x\in(0,l).
\tag{6.1.3}
$$

所有参数 d_1,d_2,δ,k 都是正的，且 $0<k<\dfrac{1}{8}$.

显然，$\left(\dfrac{\delta}{k+\delta^2},\delta\right)$是系统(6.1.1)～(6.1.3)唯一的常数解.令

$$
u=U-\frac{\delta}{k+\delta^2},\quad v=V-\delta,
$$

则式(6.1.1)和式(6.1.2)分别可化为

$$\frac{\partial}{\partial t}\begin{pmatrix}u\\v\end{pmatrix}=\boldsymbol{L}\begin{pmatrix}u\\v\end{pmatrix}+\boldsymbol{N}(u,v),\ x\in(0,l),\ t>0 \tag{6.1.4}$$

和

$$u=0,\quad v=0,\quad x=0,l,\quad t>0, \tag{6.1.5}$$

其中，线性项为

$$\boldsymbol{L}\begin{pmatrix}u\\v\end{pmatrix}=\begin{pmatrix}d_1\Delta & 0\\0 & d_2\Delta\end{pmatrix}\begin{pmatrix}u\\v\end{pmatrix}+\begin{pmatrix}f_0 & f_1\\g_0 & g_1\end{pmatrix}\begin{pmatrix}u\\v\end{pmatrix},\quad \Delta=\frac{\partial^2}{\partial x^2},$$

非线性项为

$$\boldsymbol{N}(u,v)=\left(\frac{\delta}{k+\delta^2}v^2+2\delta uv+uv^2\right)\begin{pmatrix}-1\\1\end{pmatrix}.$$

这里，

$$f_0=-k-\delta^2<0,\quad f_1=-\frac{2\delta^2}{k+\delta^2}<0,$$

$$g_0=k+\delta^2>0,\quad g_1=\frac{\delta^2-k}{\delta^2+k}<1.$$

本章的目的在于在一维空间下考察固定边界条件下糖酵解模型的平衡解，并讨论平衡解的稳定性. 6.2 节给出常数平衡解的稳定性；6.3 节运用局部分歧理论和全局分歧理论讨论糖酵解模型(6.1.1)～(6.1.3)的单重分歧解的存在性，并结合李亚普诺夫-施密特约化过程和奇异性理论分析双重分歧解的结构；6.4 节运用经典的稳定性理论分析单重分歧解和双重分歧解的稳定性；6.5 节通过大量的数值模拟证实和补充所得理论结果.

6.2　常数平衡解的稳定性

为了讨论由糖酵解模型常数解分歧的平衡解，本节分析常数解的图灵稳定性. 显然，$(u^*,v^*)=(0,0)$ 是系统(6.1.4)～(6.1.5)唯一的常数解.

同样，$(u^*,v^*)=(0,0)$ 也是下面 ODE 系统唯一的常数平衡态：

$$\frac{\partial}{\partial t}\begin{pmatrix}u\\v\end{pmatrix}=\begin{pmatrix}f_0 & f_1\\g_0 & g_1\end{pmatrix}\begin{pmatrix}u\\v\end{pmatrix}+\boldsymbol{N}(u,v). \tag{6.2.1}$$

系统(6.2.1)关于 (0,0) 的雅可比矩阵为

$$\boldsymbol{L}_1=\begin{pmatrix}f_0 & f_1\\g_0 & g_1\end{pmatrix}$$

则可得

$$\det\boldsymbol{L}_1=f_0g_1-f_1g_0=k+\delta^2>0,$$

$$\mathrm{tr}\boldsymbol{L}_1=f_0+g_1=\frac{\delta^2-k}{k+\delta^2}-k-\delta^2.$$

因此，若 $\mathrm{tr}\boldsymbol{L}_1<0$，即 $\delta^2\in\left(0,\frac{1-2k-\sqrt{1-8k}}{2}\right)\cup\left(\frac{1-2k+\sqrt{1-8k}}{2},\infty\right)$，则系统(6.2.1)的常数解 (0,0) 是稳定的. 故综上本章假设

(C)　$\delta^2\in\left(k,\frac{1-2k-\sqrt{1-8k}}{2}\right)\cup\left(\frac{1-2k+\sqrt{1-8k}}{2},\infty\right)$，

这表明系统(6.1.4)是无扩散稳定的激活基质模型.

接着讨论系统(6.1.4)的常数解 (0,0) 的稳定性. 令 $\lambda_i=\left(\frac{\pi i}{l}\right)^2$，$i=1,2,\cdots$ 是 $-\Delta$ 在区间 $(0,l)$ 上带 Dirichlet 边界条件的特征值，相应的正规化的特征函数为 $\varphi_i=\sqrt{\frac{2}{l}}\sin\frac{\pi i}{l}x$，$i=1,2,\cdots$. 定义

$$d_1^{(i)}=\frac{g_0(1+d_2\lambda_i)}{\lambda_i(g_1-d_2\lambda_i)},\ i\geqslant 1. \tag{6.2.2}$$

若 $\lambda_1<\frac{g_1}{d_2}$，则令

$$d_{1\min}=\min\{d_1^{(i)}:1\leqslant i\leqslant\Lambda\}.$$

其中，$\Lambda=\Lambda(l,d_2,\delta,k)$ 为 i 满足 $\lambda_i<\frac{g_1}{d_2}$ 的最大正整数.

定理 6.2.1　假设条件(C)成立. 若 $\lambda_1\geqslant\frac{g_1}{d_2}$ 或 $\lambda_1<\frac{g_1}{d_2}$ 和 $0<d_1<d_{1\min}$，则系统(6.1.4)的常数解 (0,0) 是局部渐近稳定的. 若 $\lambda_1<\frac{g_1}{d_2}$ 和

$d_1 > d_{1\min}$，则常数解 (0,0) 是不稳定的.

证明　系统(6.1.4)关于 (0,0) 的线性化算子为

$$\boldsymbol{L}=\begin{pmatrix} d_1\dfrac{\partial^2}{\partial x^2}+f_0 & f_1 \\ g_0 & d_2\dfrac{\partial^2}{\partial x^2}+g_1 \end{pmatrix}.$$

设 μ 是 $\boldsymbol{L}$ 的特征值，相应的特征值函数为$(\phi(x),\psi(x))$，则有

$$d_1\frac{\partial^2\phi}{\partial x^2}+(f_0-\mu)\phi+f_1\psi=0,\qquad d_2\frac{\partial^2\psi}{\partial x^2}+(g_1-\mu)\psi+g_0\phi=0.$$

运用傅里叶展式 $\phi=\sum\limits_{i=1}^{\infty}a_i\varphi_i$，$\psi=\sum\limits_{i=1}^{\infty}b_i\varphi_i$，则有

$$\sum_{i=1}^{\infty}\begin{pmatrix} f_0-d_1\lambda_i-\mu & f_1 \\ g_0 & g_1-d_2\lambda_i-\mu \end{pmatrix}\begin{pmatrix} a_i \\ b_i \end{pmatrix}\varphi_i=0.$$

因此，$\boldsymbol{L}$ 的所有特征值等价于所有 $i\geqslant 1$ 时特征方程

$$\mu^2+P_i\mu+Q_i=0$$

的根. 这里，根据条件(C)有

$$\begin{aligned} P_i&=-(f_0-d_1\lambda_i+g_1-d_2\lambda_i)\\ &=(d_1+d_2)\lambda_i-(f_0+g_1)\\ &>0, \end{aligned}\tag{6.2.3}$$

$$\begin{aligned} Q_i&=-d_1\lambda_i(g_1-d_2\lambda_i)+f_0g_1-f_1g_0-d_2f_0\lambda_i\\ &=-d_1\lambda_i(g_1-d_2\lambda_i)+g_0(1+d_2\lambda_i). \end{aligned}$$

若 $\lambda_1\geqslant\dfrac{g_1}{d_2}$ 或 $\lambda_1<\dfrac{g_1}{d_2}$ 和 $0<d_1<d_{1\min}$，则有 $Q_i>0,i\geqslant 1$，从而常数解 (0,0) 是局部渐近稳定的. 若 $\lambda_1<\dfrac{g_1}{d_2}$ 和 $d_1>d_{1\min}$，则必存在一个整数 $r\in[1,\Lambda]$ 使得 $Q_r<0$，所以解 (0,0) 是不稳定的. □

定理 6.2.1 的结论可由图 6.1 描述. 易发现 $d_1^{(i)},i\in[1,\Lambda]$ 存在一个最小值 $d_{1\min}$，当 $d_1<d_{1\min}$ 时常数解 (0,0) 处于稳定区域，而当 $d_1>d_{1\min}$ 时，常数解处于不稳定区域. 从而，结合图灵不稳定性进一步揭

示非常数平衡解的存在性.

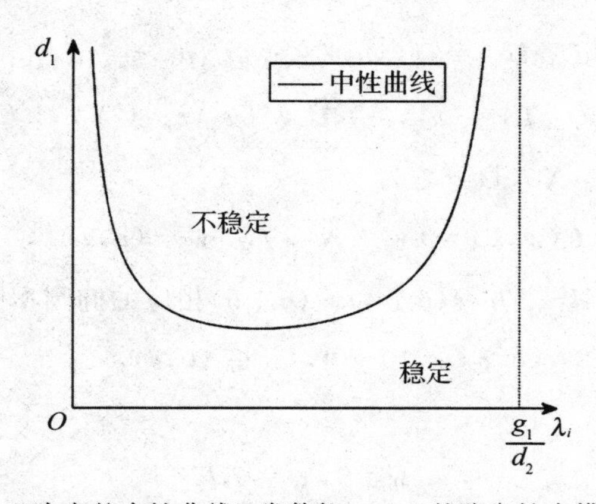

图 6.1 由式(6.2.2)决定的中性曲线，常数解 (0,0) 的稳定性由模式 $\lambda_i, i \in [1,\Lambda]$ 的稳定区域刻画.

6.3 局部分歧和全局分歧

根据式(6.2.2)或图 6.1，容易证实$\{d_1^{(i)}:1\leqslant i\leqslant\Lambda\}$中至多两个量相等. 因此任意取两个整数 j 和 m 使得 $1\leqslant j,m\leqslant\Lambda$ 且 $j\neq m$，则只有两种可能发生，即 $d_1^{(j)}\neq d_1^{(m)}$ 和 $d_1^{(j)}=d_1^{(m)}$，它们分别对应于单重分歧和双重分歧. 而且此时没有更高重特征值处的分歧发生. 本节分两种情况讨论：(i)在$\{d_1^{(i)}:1\leqslant i\leqslant\Lambda\}$中，对于每个 $j\in[1,\Lambda]$，任意整数 $m\neq j$，有 $d_1^{(j)}\neq d_1^{(m)}$. (ii)在$\{d_1^{(i)}:1\leqslant i\leqslant\Lambda\}$中，存在某个 $j\in[1,\Lambda]$ 使得 $j\neq m$ 时，$d_1^{(j)}=d_1^{(m)}$. 所使用的方法包括单重特征值分歧定理、全局分歧理论、李亚普诺夫-施密特约化过程和奇异性理论.

6.3.1 $m\neq j$ 时 $d_1^{(j)}\neq d_1^{(m)}$ 的情形

令

$$X=(H^2(0,l)\cap H_0^1(0,l))\times(H^2(0,l)\cap H_0^1(0,l)),$$

$$Y=L^2(0,l)\times L^2(0,l).$$

定义 Y 上的内积为

$$\langle \boldsymbol{U}_1,\boldsymbol{U}_2\rangle=\langle u_1,u_2\rangle_{L^2(0,l)}+\langle v_1,v_2\rangle_{L^2(0,l)},$$

$$\boldsymbol{U}_1=(u_1,v_1),\boldsymbol{U}_2=(u_2,v_2)\in Y,$$

以及光滑映射 $\boldsymbol{F}:X\times\mathbb{R}\to Y$ 为

$$\boldsymbol{F}(\boldsymbol{w},\lambda)=\boldsymbol{L}\boldsymbol{w}+\boldsymbol{N}(\boldsymbol{w}),\quad \boldsymbol{w}=(u,v)^{\mathrm{T}},$$

其中，$\lambda=d_1-d_1^{(j)}$. 方程(6.1.4)～(6.1.5)相应的椭圆型问题为

$$\boldsymbol{F}(\boldsymbol{w},\lambda)=\boldsymbol{0},\ x\in(0,l),\tag{6.3.1}$$

和

$$\boldsymbol{w}=\boldsymbol{0},\ x=0,l.\tag{6.3.2}$$

于是，方程(6.1.4)～(6.1.5)的平衡解相应于椭圆问题(6.3.1)～(6.3.2)的解. 进而，以 λ 代替 d_1 作为分歧参数.

定理 6.3.1　设每个 $d_1^{(j)},j\in[1,\Lambda]$满足 $m\neq j$ 时 $d_1^{(j)}\neq d_1^{(m)}$，则 $(\boldsymbol{0},0)$是 $\boldsymbol{F}(\boldsymbol{w},\lambda)=\boldsymbol{0}$ 的分歧点，且存在一条 C^1 曲线$(\boldsymbol{w}_j(s),\lambda(s))$使得 $\lambda(0)=0,\phi(0)=\psi(0)=0$,并且$|s|<\delta$ 时 $\boldsymbol{F}(\boldsymbol{w}_j(s),\lambda(s))=\boldsymbol{0}$, 其中，

$$u_j(s)=s(\varphi_j+\phi(s)),v_j(s)=s(b_j\varphi_j+\psi(s)),\ b_j=\frac{g_0}{d_2\lambda_j-g_1}.\tag{6.3.3}$$

证明　考虑线性化算子

$$\boldsymbol{L}_0:=\begin{pmatrix} d_1^{(j)}\dfrac{\partial^2}{\partial^2 x}+f_0 & f_1 \\ g_0 & d_2\dfrac{\partial^2}{\partial^2 x}+g_1\end{pmatrix}.$$

设 $\boldsymbol{\Phi}=(\phi,\psi)\in N(\boldsymbol{L}_0)$ 以及 $\phi=\sum\limits_{i=1}^{\infty}a_i\varphi_i,\psi=\sum\limits_{i=1}^{\infty}b_i\varphi_i$，则有

$$\sum_{i=1}^{\infty}\boldsymbol{B}_i\begin{pmatrix}a_i\\ b_i\end{pmatrix}\varphi_i=\boldsymbol{0},\ \boldsymbol{B}_i=\begin{pmatrix} f_0-d_1^{(j)}\lambda_i & f_1\\ g_0 & g_1-d_2\lambda_i\end{pmatrix}.$$

直接计算可得 $\det\boldsymbol{B}_j=0$. 由于 $m\neq j$ 时 $d_1^{(j)}\neq d_1^{(m)}$，可知核空间为

$$N(\boldsymbol{L}_0)=\mathrm{span}\{\boldsymbol{\Phi}_1\},\ \boldsymbol{\Phi}_1=\begin{pmatrix}1\\ b_j\end{pmatrix}\varphi_j,$$

其中，$b_j=\dfrac{g_0}{d_2\lambda_j-g_1}<0$. 同时可得 $\boldsymbol{L}_0$ 的伴随算子 $\boldsymbol{L}_0^*$ 的核空间为

$$N(\boldsymbol{L}_0^*)=\mathrm{span}\{\boldsymbol{\Phi}_1^*\},\ \boldsymbol{\Phi}_1^*=\frac{1}{1+b_jb_j^*}\begin{pmatrix}1\\ b_j^*\end{pmatrix}\varphi_j,$$

其中，$b_j^*=\dfrac{f_1}{d_2\lambda_j-g_1}>0$. 由 Fredholm 选择公理可得值域空间 $R(\boldsymbol{L}_0)=\{(u,v)\in Y:\langle(u,v),\boldsymbol{\Phi}_1^*\rangle=0\}$，余维为 1. 而且

$$\boldsymbol{F}_{\lambda w}(\boldsymbol{0},0)\boldsymbol{\Phi}_1=\begin{pmatrix}\dfrac{\partial^2}{\partial^2 x} & 0\\ 0 & 0\end{pmatrix}\boldsymbol{\Phi}_1=\begin{pmatrix}-\lambda_j\varphi_j\\ 0\end{pmatrix},$$

所以

$$\langle\boldsymbol{F}_{\lambda w}(\boldsymbol{0},0)\boldsymbol{\Phi}_1,\boldsymbol{\Phi}_1^*\rangle=\left\langle-\lambda_j\varphi_j,\frac{1}{1+b_jb_j^*}\varphi_j\right\rangle_{L^2(0,l)}=\frac{-\lambda_j}{1+b_jb_j^*}>0,$$

即有 $\boldsymbol{F}_{\lambda w}(\boldsymbol{0},0)\boldsymbol{\Phi}_1\notin R(\boldsymbol{L}_0)$. 因此，运用 Crandall-Rabinowitz 单重分歧定理[104]，该定理得证. □

定理 6.3.1 说明所有的$(\boldsymbol{0},d_1^{(j)})$，$1\leqslant j\leqslant\Lambda$ 都为分歧点，所得的分歧解由特征函数 φ_j，$1\leqslant j\leqslant\Lambda$ 刻画. 另一方面，该定理表示这些解的结构依赖于$\dfrac{\partial^2}{\partial^2 x}$的每个特征函数，不仅是第一个特征函数. 因为正如图 6.1 所示，若 l 足够大时，$d_1^{(j)}$，$1\leqslant j\leqslant\Lambda$ 分布非常密集，则第一分歧之后其他分歧会马上发生，所以有必要研究第一分歧外的其他分歧.

定理 6.3.2 定理 6.3.1 所得的分歧解 $(\boldsymbol{w}_j(s),\lambda(s))$ 可延拓为全局结构.

证明 为了运用标准的全局分歧理论，把方程(6.3.1)转化为如下形式

$$\boldsymbol{w}=\boldsymbol{K}(\lambda)\boldsymbol{w}+\boldsymbol{H}(\boldsymbol{w}),\tag{6.3.4}$$

其中，X 上的线性紧算子

$$K(\lambda)=\begin{pmatrix}0 & f_1(-(\lambda+d_1^{(j)})\Delta-f_0)^{-1}\\ g_0(-d_2\Delta+1)^{-1} & (g_1+1)(-d_2\Delta+1)^{-1}\end{pmatrix},\ \Delta=\frac{\partial^2}{\partial x^2},$$

$$H(w)=\begin{pmatrix}(-(\lambda+d_1^{(j)})\Delta-f_0)^{-1} & 0\\ 0 & (-d_2\Delta+1)^{-1}\end{pmatrix}N(w),$$

且 $H_w(\mathbf{0})=\mathbf{0}$. 下证 1 是 $K(0)$的代数重数为 1 的特征值.

由定理 6.3.1 的证明可知，$N(K(0)-I)=N(L_0)=\mathrm{span}\{\boldsymbol{\Phi}_1\}$，即 1 是 $K(0)$ 的特征值. 定义 $K(0)$ 的共轭算子为

$$K^*(0)=\begin{pmatrix}0 & g_0(-d_2\Delta+1)^{-1}\\ f_1(-d_1^{(j)}\Delta-f_0)^{-1} & (g_1+1)(-d_2\Delta+1)^{-1}\end{pmatrix}.$$

同样，令 $(\phi,\psi)\in N(K^*(0)-I)$，则有

$$-d_2\phi_{xx}=-\phi+g_0\psi,\quad -d_1^{(j)}d_2g_0\psi_{xx}=f_\phi\phi+f_\psi\psi,$$

其中，

$$f_\phi=d_2f_1g_0-(d_1^{(j)}+d_2f_0)(g_1+1),\ f_\psi=d_2f_0g_0+d_1^{(j)}g_0(g_1+1).$$

设 $\phi=\sum_{i=1}^{\infty}a_i\varphi_i$，$\psi=\sum_{i=1}^{\infty}b_i\varphi_i$，有

$$\sum_{i=1}^{\infty}B_i^*\begin{pmatrix}a_i\\ b_i\end{pmatrix}\varphi_i=\mathbf{0},$$

其中，

$$B_i^*=\begin{pmatrix}-1-d_2\lambda_i & g_0\\ f_\phi & f_\psi-d_1^{(j)}d_2g_0\lambda_i\end{pmatrix}.$$

由于 $\det B_i^*=d_2g_0\det B_i$，显然可得

$$N(K^*(0)-I)=\begin{pmatrix}g_0\\ 1+d_2\lambda_j\end{pmatrix}\varphi_j.$$

根据 $2d_2\lambda_j+1-g_1>0$ 可知，$N(K(0)-I)\cap R(K(0)-I)=\{\mathbf{0}\}$，所以 1 是 $K(0)$ 的代数重数为 1 的特征值.

进而可知，$I-K(\lambda)$ 当 $\lambda\neq0$ 时在 $\lambda=0$ 的领域内是可逆的，且 $\mathbf{0}$ 是式(6.3.4)的孤立解，则有

$$\mathrm{index}(I-K(\lambda)-H,(\lambda,\mathbf{0}))=\deg(I-K(\lambda),B,\mathbf{0})=(-1)^p,$$

其中，B 是以 0 为球心的充分小的球，p 是 $\boldsymbol{K}(\lambda)$ 的大于 1 的特征值的代数重数之和. 若 μ 是 $\boldsymbol{K}(\lambda)$ 的特征值，相应的特征函数为 $\phi=\sum_{i=1}^{\infty}a_i\varphi_i$，$\psi=\sum_{i=1}^{\infty}b_i\varphi_i$，则

$$\sum_{i=1}^{\infty}\begin{pmatrix} f_0\mu-(\lambda+d_1^{(j)})\mu\lambda_i & f_1 \\ g_0 & g_1+1-\mu-d_2\mu\lambda_i \end{pmatrix}\begin{pmatrix} a_i \\ b_i \end{pmatrix}\varphi_i=0.$$

因此 $\boldsymbol{K}(\lambda)$ 的特征值集由下面 μ 的方程的根组成.

$$-[f_0-(\lambda+d_1^{(j)})\lambda_i](1+d_2\lambda_i)\mu^2+[f_0-(\lambda+d_1^{(j)})\lambda_i] \\ \times(g_1+1)\mu-f_1g_0=0,\ i=1,2,\cdots. \tag{6.3.5}$$

特别地，对于 $\lambda=0$，若 $\mu(0)=1$ 是方程(6.3.5)的根，则 $d_1^{(j)}=d_1^{(i)}$，可得 $j=i$. 因此，对于 $i\neq j$，$\boldsymbol{K}(\lambda)$ 在 $\lambda=0$ 附近大于 1 的特征值的数量相同. 对于 $i=j$，方程(6.3.5)有两个根

$$\bar{\mu}(0)=1,\ \tilde{\mu}(0)=\frac{g_1-d_2\lambda_j}{1+d_2\lambda_j}<1.$$

从而 λ 在 0 附近时 $\tilde{\mu}(\lambda)<1$. 容易验证，当 λ 在 0 附近时，$\bar{\mu}(\lambda)$ 是 λ 的单调递增函数，从而有

$$\bar{\mu}(0+\varepsilon)>1,\ \bar{\mu}(0-\varepsilon)<1.$$

因此 $\boldsymbol{K}(0+\varepsilon)$ 比 $\boldsymbol{K}(0-\varepsilon)$ 多一个大于 1 的特征值，同上可证其代数重数为 1. 所以

$$\mathrm{index}(\boldsymbol{I}-\boldsymbol{K}(0-\varepsilon)-\boldsymbol{H},(0-\varepsilon,\boldsymbol{0})) \\ \neq\mathrm{index}(\boldsymbol{I}-\boldsymbol{K}(0+\varepsilon)-\boldsymbol{H},(0+\varepsilon,\boldsymbol{0})).$$

根据文献[93]，[105]，定理得证. □

6.3.2 $j\neq m$ 时 $d_1^{(j)}=d_1^{(m)}$ 的情形

根据式(6.2.2)，可以证实 $d_1^{(j)}=d_1^{(m)}(j\neq m)$ 等价于

$$d_2=\frac{\sqrt{(\lambda_j+\lambda_m)^2+4g_1\lambda_j\lambda_m}-(\lambda_j+\lambda_m)}{2\lambda_j\lambda_m}, \tag{6.3.6}$$

这是下面讨论的基本假设. 例如，图 6.2 描述了式(6.2.2)中 $d_1^{(3)}=d_1^{(6)}$ 的

情况，其中，$j=3$，$m=6$，d_2 的取法由式(6.3.6)决定. 对于 $\{d_1^{(i)}: 1\leqslant i\leqslant \Lambda\}$ 中满足任意的 $m\neq j$，有 $d_1^{(j)}\neq d_1^{(m)}$ 的 $d_1^{(j)}$，同上小节有相同的局部分歧和全局分歧. 但是，若 $d_1^{(j)}=d_1^{(m)}(j\neq m)$，则 0 不是 $\boldsymbol{L}_0$ 的单重特征值，相应的 Crandall-Rabinowitz 定理无法运用. 下面主要运用李亚普诺夫-施密特约化过程和奇异性理论讨论分歧解的产生，其中，ODE 方法用于解决线性算子的求逆问题.

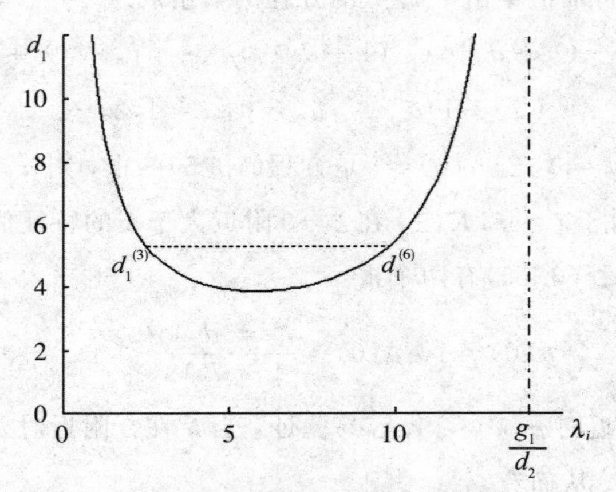

图 6.2　式(6.2.2)决定的双重分岐点

注：$k=0.1,\delta=3,l=6,j=3,m=6$ 使得 $d_2=0.0697$ 和 $d_1^{(3)}=d_1^{(6)}=5.3621$.

显然，$\boldsymbol{F}(\boldsymbol{0},\lambda)=\boldsymbol{0}$. 若 $d_1^{(j)}=d_1^{(m)}(j\neq m)$，则根据定理 6.3.1 的证明容易发现

$$N(\boldsymbol{L}_0)=\mathrm{span}\{\boldsymbol{\Phi}_1,\boldsymbol{\Phi}_2\},\quad N(\boldsymbol{L}_0^*)=\mathrm{span}\{\boldsymbol{\Phi}_1^*,\boldsymbol{\Phi}_2^*\},$$

其中，

$$\boldsymbol{\Phi}_1=\begin{pmatrix}1\\ b_j\end{pmatrix}\varphi_j,\ \boldsymbol{\Phi}_2=\begin{pmatrix}1\\ b_m\end{pmatrix}\varphi_m,\ b_t=\frac{g_0}{d_2\lambda_t-g_1}<0,$$

$$\boldsymbol{\Phi}_1^*=\frac{1}{1+b_jb_j^*}\begin{pmatrix}1\\ b_j^*\end{pmatrix}\varphi_j,\ \boldsymbol{\Phi}_2^*=\frac{1}{1+b_mb_m^*}\begin{pmatrix}1\\ b_m^*\end{pmatrix}\varphi_m,\ b_t^*=\frac{f_1}{d_2\lambda_t-g_1}>1,\quad t=j,m.$$

这里，$\boldsymbol{\Phi}_1^*$，$\boldsymbol{\Phi}_2^*$ 正规化使得 $\langle\boldsymbol{\Phi}_i^*,\boldsymbol{\Phi}_j\rangle=\delta_{ij}$，$i,j=1,2$. 由于 $\det\boldsymbol{B}_j=0$ 和

$\det\boldsymbol{B}_m=0$，容易验证 $1+b_jb_j^*<0$ 和 $1+b_mb_m^*<0$.

令空间 Y 可分解为 $Y=N(\boldsymbol{L}_0)\oplus R(\boldsymbol{L}_0)$，$X$ 可分解为 $X=N(\boldsymbol{L}_0)\oplus X_1$，其中，$X_1=X\cap R(\boldsymbol{L}_0)$. 设算子 P 是 Y 到 $N(\boldsymbol{L}_0)$ 的投影，则 P 可取为

$$P\boldsymbol{u}=\sum_{i=1}^{2}\langle\boldsymbol{\Phi}_i^*,\boldsymbol{u}\rangle\boldsymbol{\Phi}_i,$$

从而 $Q=I-P$ 是 Y 到 $R(\boldsymbol{L}_0)$ 的投影. 因此方程(6.3.1)等价于

$$P\boldsymbol{F}(\boldsymbol{w},\lambda)=\boldsymbol{0},\ Q\boldsymbol{F}(\boldsymbol{w},\lambda)=\boldsymbol{0}.\tag{6.3.7}$$

根据空间分解，设 $\boldsymbol{w}\in X$ 的形式为 $\boldsymbol{w}=s\boldsymbol{\Phi}_1+\tau\boldsymbol{\Phi}_2+\boldsymbol{W}$，其中，$(s,\tau)\in\mathbb{R}^2$，$\boldsymbol{W}\in X_1$. 由隐函数定理可知方程组(6.3.7)的第二个方程有局部唯一解 $\boldsymbol{W}(s,\tau,\lambda):=\boldsymbol{W}(s\boldsymbol{\Phi}_1+\tau\boldsymbol{\Phi}_2,\lambda)$，其满足 $\boldsymbol{W}(0,0,\lambda)=\boldsymbol{0}$. 把该结果带入方程组(6.3.7)的第一个方程可得

$$P\boldsymbol{F}(s\boldsymbol{\Phi}_1+\tau\boldsymbol{\Phi}_2+\boldsymbol{W}(s,\tau,\lambda),\lambda)=\boldsymbol{0}.\tag{6.3.8}$$

从而，方程(6.3.1)的解一一相应于方程(6.3.8)的解. 而且，根据 P 的定义，式(6.3.8)可化为

$$\begin{pmatrix}a(s,\tau,\lambda)\\b(s,\tau,\lambda)\end{pmatrix}:=\begin{pmatrix}\langle\boldsymbol{\Phi}_1^*,\boldsymbol{F}(s\boldsymbol{\Phi}_1+\tau\boldsymbol{\Phi}_2+\boldsymbol{W}(s,\tau,\lambda),\lambda)\rangle\\\langle\boldsymbol{\Phi}_2^*,\boldsymbol{F}(s\boldsymbol{\Phi}_1+\tau\boldsymbol{\Phi}_2+\boldsymbol{W}(s,\tau,\lambda),\lambda)\rangle\end{pmatrix}=\boldsymbol{0}.\tag{6.3.9}$$

记 $\boldsymbol{L}=\boldsymbol{L}_0+\lambda\boldsymbol{M}$，其中，$\boldsymbol{M}=\begin{pmatrix}\dfrac{\partial^2}{\partial x^2}&0\\0&0\end{pmatrix}$，则式(6.3.9)可进一步简化为

$$\begin{pmatrix}a(s,\tau,\lambda)\\b(s,\tau,\lambda)\end{pmatrix}=\begin{pmatrix}\langle\boldsymbol{\Phi}_1^*,G(s\boldsymbol{\Phi}_1+\tau\boldsymbol{\Phi}_2+\boldsymbol{W}(s,\tau,\lambda),\lambda)\rangle\\\langle\boldsymbol{\Phi}_2^*,G(s\boldsymbol{\Phi}_1+\tau\boldsymbol{\Phi}_2+\boldsymbol{W}(s,\tau,\lambda),\lambda)\rangle\end{pmatrix}=\boldsymbol{0},\tag{6.3.10}$$

其中，$\boldsymbol{G}(\boldsymbol{w},\lambda):=\lambda\boldsymbol{M}\boldsymbol{w}+\boldsymbol{N}(\boldsymbol{w})$. 因而，方程(6.3.1)的平衡解相应于式(6.3.10)的解，且方程(6.3.1)解的形式为 $\boldsymbol{w}=s\boldsymbol{\Phi}_1+\tau\boldsymbol{\Phi}_2+\boldsymbol{W}(s\boldsymbol{\Phi}_1+\tau\boldsymbol{\Phi}_2,\lambda)$，其中，$s,\tau,\lambda$ 满足式(6.3.10).

首先定义 $a(s,\tau,\lambda)$ 和 $b(s,\tau,\lambda)$ 的泰勒系数分别为

$$a_{ijk}=\frac{1}{i!\ j!\ k!}\frac{\partial^{i+j+k}}{\partial s^i\partial\tau^j\partial\lambda^k}a(0,0,0),$$

$$b_{ijk}=\frac{1}{i!\,j!\,k!}\frac{\partial^{i+j+k}}{\partial s^i\partial\tau^j\partial\lambda^k}b(0,0,0).$$

由 $\boldsymbol{G}(\mathbf{0},\lambda)=\mathbf{0}$ 易知 $a_{00n}=b_{00n}=0$. 上述泰勒系数涉及 $\boldsymbol{W}$ 的导数，它的计算由方程组(6.3.7)的第二个方程隐式决定. 特别地，$\boldsymbol{W}_s(0,0,0)=\mathbf{0}$，$\boldsymbol{W}_\tau(0,0,0)=\mathbf{0}$，以及由 $\boldsymbol{G}(\mathbf{0},\lambda)=\mathbf{0}$ 得 $\boldsymbol{W}_\lambda(0,0,0)=\boldsymbol{W}_{\lambda\lambda}(0,0,0)=\cdots=\mathbf{0}$. 接着利用附录中的定义 B.2.2 讨论方程(6.3.10)的可解性.

1.整数 j 和 m 具有相反的奇偶性

不失一般性，总假设 j 是奇数，m 是偶数. 方程(6.3.1)和边界条件(6.3.2)关于反射 $x\rightarrow l-x$ 具有可交换性，即式(6.3.1)和式(6.3.2)通过变量替换 $\bar{x}=l-x$ 后形式不变. 显然，

$$\sin\frac{\pi i}{l}\bar{x}=(-1)^{i+1}\sin\frac{\pi i}{l}x.$$

若 j 是奇数，m 是偶数，则约化方程(6.3.10)是 Z_2 对称的，即 $a(s,\tau,\lambda)$ 是 τ 的偶函数，而 $b(s,\tau,\lambda)$ 是 τ 的奇函数. 因此，约化方程(6.3.10)左端具有如下形式

$$\begin{cases}a(s,\tau,\lambda)=a_{200}s^2+a_{020}\tau^2+a_{101}\lambda s+\cdots,\\ b(s,\tau,\lambda)=b_{110}s\tau+b_{011}\lambda\tau+\cdots,\end{cases}\tag{6.3.11}$$

其中，$\cdots$ 代表至少三阶项.

根据文献[143]，对于问题(6.3.11)，分退化和非退化两种情况讨论. 非退化意味着 $a_{200}=0$，$a_{020}=0$，$b_{110}=0$，$a_{101}b_{110}-a_{200}b_{011}=0$ 都不成立，退化意味着这些式子至少有一个成立.

首先讨论非退化的情况. 直接计算可知 $\boldsymbol{G}$ 在原点的二阶导数为

$$\frac{\partial^2\boldsymbol{G}}{\partial s_i\partial s_j}=\mathrm{d}^2\boldsymbol{N}(\boldsymbol{\Phi}_i,\boldsymbol{\Phi}_j),\ \frac{\partial^2\boldsymbol{G}}{\partial s_i\partial\lambda}=\boldsymbol{M}\boldsymbol{\Phi}_i,\ i,j=1,2,\ s_1=s,s_2=\tau,\tag{6.3.12}$$

其中，$\boldsymbol{N}$ 的二阶 Fréchet 导数为

$$\mathrm{d}^2\boldsymbol{N}(\boldsymbol{\Phi}_i,\boldsymbol{\Phi}_j)=2\left(\delta(\Phi_{i1}\Phi_{j2}+\Phi_{i2}\Phi_{j1})+\frac{\delta}{k+\delta^2}\Phi_{i2}\Phi_{j2}\right)\begin{pmatrix}-1\\1\end{pmatrix}.\tag{6.3.13}$$

结合式(6.3.10)、式(6.3.12)和式(6.3.13)，忽略具体计算细节可得

$$a_{101}=\frac{-\lambda_j}{1+b_jb_j^*}>0,$$

$$b_{011}=\frac{-\lambda_m}{1+b_mb_m^*}>0,$$

$$a_{200}=\frac{\delta b_j(b_j^*-1)(2d_2\lambda_j-2g_1+1)}{(1+b_jb_j^*)(d_2\lambda_j-g_1)}I_1,$$

$$a_{020}=\frac{\delta b_m(b_j^*-1)(2d_2\lambda_m-2g_1+1)}{(1+b_jb_j^*)(d_2\lambda_m-g_1)}I_2,$$

$$b_{110}=\frac{2\delta b_j(b_m^*-1)[d_2(\lambda_j+\lambda_m)-2g_1+1]}{(1+b_mb_m^*)(d_2\lambda_m-g_1)}I_2,$$

其中，$I_1=\sqrt{\dfrac{2}{l}}\dfrac{8}{3\pi j}$，$I_2=\sqrt{\dfrac{2}{l}}\dfrac{8m^2}{\pi j(4m^2-j^2)}$. 因此易得

$$a_{200}=0\Leftrightarrow 2d_2\lambda_j-2g_1+1=0\Leftrightarrow g_1=\frac{1}{2}\sqrt{1+2\lambda_j/\lambda_m},$$

$$a_{020}=0\Leftrightarrow 2d_2\lambda_m-2g_1+1=0\Leftrightarrow g_1=\frac{1}{2}\sqrt{1+2\lambda_m/\lambda_j},$$

$$b_{110}=0\Leftrightarrow d_2(\lambda_j+\lambda_m)-2g_1+1=0 \tag{6.3.14}$$

$$\Leftrightarrow g_1=\frac{(\lambda_j+\lambda_m)\sqrt{(\lambda_j+\lambda_m)^2+8\lambda_j\lambda_m}-(\lambda_j-\lambda_m)^2}{8\lambda_j\lambda_m}<1,$$

$$a_{101}b_{110}-a_{200}b_{011}=0\Leftrightarrow \frac{2d_2\lambda_j-2g_1+1}{g_1-d_2\lambda_j}-\frac{d_2(\lambda_j+\lambda_m)-2g_1+1}{g_1-d_2\lambda_m}\times\frac{6\lambda_m}{4\lambda_m-\lambda_j}=0,$$

其中，式(6.3.14)的最后一个式子不易显式表达 g_1. 根据文献[144]可得下面结论.

定理 6.3.3 若 g_1 不满足式(6.3.14)，则约化问题(6.3.10)等价于规范形

$$\begin{cases}s^2+\varepsilon\tau^2+\lambda s=0,\\ cs\tau+\lambda\tau=0,\end{cases}$$

其中，$\varepsilon=\operatorname{sgn}(a_{200}a_{020})$，$c=\dfrac{a_{101}b_{110}}{a_{200}b_{011}}$.

考虑到 $g_1<1$，则式(6.3.14)的第一个和第二个式子满足 $g_1<1$ 的充要条件分别是 $j^2<\dfrac{3}{2}m^2$ 和 $j^2>\dfrac{2}{3}m^2$. 于是定理 6.3.3 中 ε 的符号可由图 6.3 决定，其中，$g_1=\dfrac{1}{2}\sqrt{1+2\lambda_j/\lambda_m}$，$g_1=\dfrac{1}{2}\sqrt{1+2\lambda_m/\lambda_j}$，$g_1=1$ 在 g_1-线上分别用 A，B 和 E 标记.

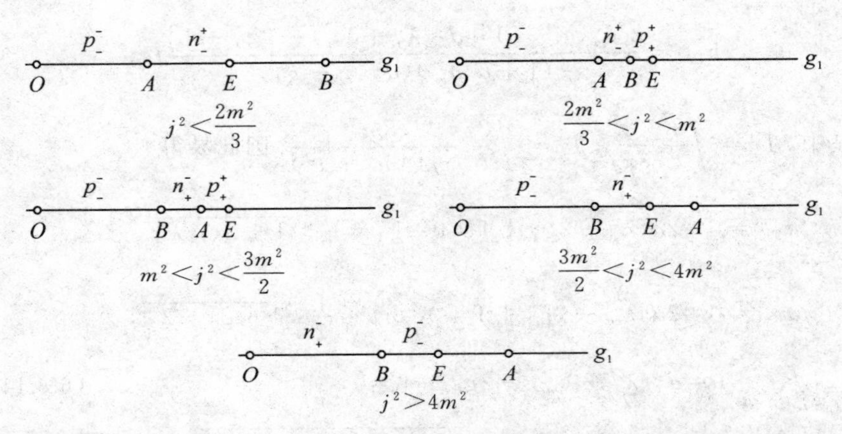

图 6.3　ε 的符号刻画，其中，p 与 n 分别表示 ε 的符号的正与负，上标和下标（＋或－）分别表示 a_{200} 和 a_{020} 的符号.

注 6.3.1　在非退化情况下，由于 $g_1<1$，则定理 6.3.3 最多对于 g_1 满足式(6.3.14)的有限个值不成立.

接着讨论退化情况. 观察发现式(6.3.14)中任意两个等式不可同时成立. 因此，根据文献[145]进一步讨论每个等式.

对于 $a_{200}=0$，若 $a_{300}a_{020}b_{110}a_{101}b_{011}\neq 0$，则约化问题(6.3.11)等价于规范形

$$\begin{pmatrix} s^3+\varepsilon_1 s\lambda+\varepsilon_2\tau^2 \\ \tau(s+\varepsilon_3\lambda) \end{pmatrix},\tag{6.3.15}$$

其中，$\varepsilon_1=\operatorname{sgn}(a_{300}a_{101})$，$\varepsilon_2=\operatorname{sgn}(a_{300}a_{020})$，$\varepsilon_3=\operatorname{sgn}(b_{110}b_{011})$.

对于 $b_{110}=0$，若 $a_{200}a_{020}a_{101}b_{011}C\neq 0$，$C=a_{020}b_{210}-a_{200}b_{030}$，则约化问题(6.3.11)等价于规范形

$$\begin{pmatrix} s^2+\varepsilon_1\lambda^2+\varepsilon_2\tau^2 \\ \tau(s^2+\varepsilon_3\lambda) \end{pmatrix}, \tag{6.3.16}$$

其中，$\varepsilon_1=\operatorname{sgn}(-\frac{1}{4}a_{101}^2)$，$\varepsilon_2=\operatorname{sgn}(a_{200}a_{020})$，$\varepsilon_3=\operatorname{sgn}(a_{020}b_{011}C)$.

对于 $a_{020}=0$，若 $a_{200}b_{110}D_1D_2D_4\neq 0$，其中，

$$D_1=b_{011}(a_{200}b_{011}-a_{101}b_{110}),$$

$$D_2=a_{200}b_{030}^2-a_{120}b_{030}b_{110}+a_{040}b_{110}^2,$$

$$D_3=b_{110}(a_{021}b_{110}-a_{120}b_{011})+b_{030}(2a_{200}b_{011}-a_{101}b_{110}),$$

$$D_4=4D_1D_2-D_3^2,$$

$$D_5=\frac{2a_{200}b_{011}-a_{101}b_{110}}{2a_{200}},$$

则约化问题(6.3.11)等价于规范形

$$\begin{pmatrix} s^2+\varepsilon_1\lambda^2+\varepsilon_2\tau^4+2\kappa\tau^2\lambda \\ \tau(s+\rho\lambda) \end{pmatrix}, \quad \begin{array}{l} \rho^2\varepsilon_1\neq -1, \\ \varepsilon_2(\rho^2+\varepsilon_1)\neq\kappa, \end{array} \tag{6.3.17}$$

其中，$\varepsilon_1=\operatorname{sgn}(-\frac{1}{4}a_{101}^2)$，$\varepsilon_2=\operatorname{sgn}(a_{200}D_2)$，$\rho=\frac{2D_5|a_{200}|}{b_{110}|a_{101}|}$，$\kappa=\frac{2D_3}{|a_{101}|}$

$\times\sqrt{\left|\frac{a_{200}}{D_2}\right|}\operatorname{sgn}a_{200}$

对于 $a_{101}b_{110}-a_{200}b_{011}=0$，若 $a_{200}a_{020}a_{101}b_{110}E\neq 0$，其中，$E=(b_{012}-\sigma a_{102})-(b_{111}-\sigma a_{201})\frac{b_{011}}{b_{110}}+(b_{210}-\sigma a_{300})\left(\frac{b_{011}}{b_{110}}\right)^2$，$\sigma=-\frac{b_{011}}{a_{101}}\operatorname{sgn}\frac{a_{200}b_{011}}{b_{110}}$，则约化问题(6.3.11)等价于规范形

$$\begin{pmatrix} s^2-\lambda^2+\varepsilon_2\tau^2 \\ \tau(s+\varepsilon_1\lambda+\varepsilon_3\lambda^2) \end{pmatrix}, \tag{6.3.18}$$

其中，$\varepsilon_1=\operatorname{sgn}(b_{110}b_{011})$，$\varepsilon_2=\operatorname{sgn}(a_{200}a_{020})$，$\varepsilon_3=\operatorname{sgn}(b_{110}E)$.

于是需进一步考虑 $a(s,\tau,\lambda)$ 和 $b(s,\tau,\lambda)$ 的三阶泰勒系数. 易知

$a_{101} > 0$ 和 $b_{011} > 0$. 为了下面讨论，引入

$$
\begin{aligned}
\boldsymbol{G}_{300} &= \frac{1}{2}\mathrm{d}^2\boldsymbol{N}(\boldsymbol{\Phi}_1,\boldsymbol{W}_{ss}) + \frac{1}{3!}\mathrm{d}^3\boldsymbol{N}(\boldsymbol{\Phi}_1^3),\\
\boldsymbol{G}_{030} &= \frac{1}{2}\mathrm{d}^2\boldsymbol{N}(\boldsymbol{\Phi}_2,\boldsymbol{W}_{\tau\tau}) + \frac{1}{3!}\mathrm{d}^3\boldsymbol{N}(\boldsymbol{\Phi}_2^3),\\
\boldsymbol{G}_{210} &= \frac{1}{2}\mathrm{d}^2\boldsymbol{N}(\boldsymbol{\Phi}_2,\boldsymbol{W}_{ss}) + \mathrm{d}^2\boldsymbol{N}(\boldsymbol{\Phi}_1,\boldsymbol{W}_{s\tau}) + \frac{1}{2}\mathrm{d}^3\boldsymbol{N}(\boldsymbol{\Phi}_1^2,\boldsymbol{\Phi}_2),\\
\boldsymbol{G}_{120} &= \frac{1}{2}\mathrm{d}^2\boldsymbol{N}(\boldsymbol{\Phi}_1,\boldsymbol{W}_{\tau\tau}) + \mathrm{d}^2\boldsymbol{N}(\boldsymbol{\Phi}_2,\boldsymbol{W}_{s\tau}) + \frac{1}{2}\mathrm{d}^3\boldsymbol{N}(\boldsymbol{\Phi}_1,\boldsymbol{\Phi}_2^2),\\
\boldsymbol{G}_{201} &= \frac{1}{2}\mathrm{d}\boldsymbol{G}_\lambda(\boldsymbol{W}_{ss}) + \mathrm{d}^2\boldsymbol{N}(\boldsymbol{\Phi}_1,\boldsymbol{W}_{s\lambda}) + \frac{1}{2}\mathrm{d}^2\boldsymbol{G}_\lambda(\boldsymbol{\Phi}_1^2), \qquad (6.3.19)\\
\boldsymbol{G}_{021} &= \frac{1}{2}\mathrm{d}\boldsymbol{G}_\lambda(\boldsymbol{W}_{\tau\tau}) + \mathrm{d}^2\boldsymbol{N}(\boldsymbol{\Phi}_2,\boldsymbol{W}_{\tau\lambda}) + \frac{1}{2}\mathrm{d}^2\boldsymbol{G}_\lambda(\boldsymbol{\Phi}_2^2),\\
\boldsymbol{G}_{111} &= \mathrm{d}\boldsymbol{G}_\lambda(\boldsymbol{W}_{s\tau}) + \mathrm{d}^2\boldsymbol{N}(\boldsymbol{\Phi}_1,\boldsymbol{W}_{\tau\lambda}) + \mathrm{d}^2\boldsymbol{N}(\boldsymbol{\Phi}_2,\boldsymbol{W}_{s\lambda}) + \mathrm{d}^2\boldsymbol{G}_\lambda(\boldsymbol{\Phi}_1,\boldsymbol{\Phi}_2),\\
\boldsymbol{G}_{102} &= \frac{1}{2}\mathrm{d}\boldsymbol{G}_{\lambda\lambda}(\boldsymbol{\Phi}_1) + \mathrm{d}\boldsymbol{G}_\lambda(\boldsymbol{W}_{s\lambda}),\\
\boldsymbol{G}_{012} &= \frac{1}{2}\mathrm{d}\boldsymbol{G}_{\lambda\lambda}(\boldsymbol{\Phi}_2) + \mathrm{d}\boldsymbol{G}_\lambda(\boldsymbol{W}_{\tau\lambda}),
\end{aligned}
$$

其中，$\boldsymbol{G}_{ijk} := \dfrac{1}{i!\ j!\ k!}\dfrac{\partial^{i+j+k}}{\partial s^i \partial \tau^j \partial \lambda^k}\boldsymbol{G}(\mathbf{0},0)$. 对于方程(6.3.1)，$\boldsymbol{N}$ 的三阶 Fréchet 导数为

$$
\mathrm{d}^3\boldsymbol{N}(\boldsymbol{\Phi}_i,\boldsymbol{\Phi}_j,\boldsymbol{\Phi}_k) = 2(\Phi_{i1}\Phi_{j2}\Phi_{k2} + \Phi_{i2}\Phi_{j1}\Phi_{k2} + \Phi_{i2}\Phi_{j2}\Phi_{k1})\begin{pmatrix}-1\\1\end{pmatrix}, \qquad (6.3.20)
$$

以及

$$
\mathrm{d}\boldsymbol{G}_\lambda(\boldsymbol{\Phi}_i) = \boldsymbol{M}\boldsymbol{\Phi}_i,\ \mathrm{d}^2\boldsymbol{G}_\lambda(\boldsymbol{\Phi}_i,\boldsymbol{\Phi}_j) = \mathbf{0},\ \mathrm{d}\boldsymbol{G}_{\lambda\lambda}(\boldsymbol{\Phi}_i) = \mathbf{0},\ i,j,k = 1,2. \qquad (6.3.21)
$$

同时，根据方程组(6.3.7)的第二个方程可得

$$
\begin{aligned}
\boldsymbol{W}_{ss}(0,0,0) &= -\boldsymbol{L}_0^{-1}Q\mathrm{d}^2\boldsymbol{N}(\boldsymbol{\Phi}_1^2),\\
\boldsymbol{W}_{\tau\tau}(0,0,0) &= -\boldsymbol{L}_0^{-1}Q\mathrm{d}^2\boldsymbol{N}(\boldsymbol{\Phi}_2^2),
\end{aligned}
$$

$$\boldsymbol{W}_{s\tau}(0,0,0)=-\boldsymbol{L}_0^{-1}Q\mathrm{d}^2\boldsymbol{N}(\boldsymbol{\Phi}_1,\boldsymbol{\Phi}_2),\tag{6.3.22}$$

$$\boldsymbol{W}_{s\lambda}(0,0,0)=-\boldsymbol{L}_0^{-1}Q\mathrm{d}\boldsymbol{F}_\lambda(\boldsymbol{\Phi}_1),$$

$$\boldsymbol{W}_{\tau\lambda}(0,0,0)=-\boldsymbol{L}_0^{-1}Q\mathrm{d}\boldsymbol{F}_\lambda(\boldsymbol{\Phi}_2).$$

情况 1: $a_{200}=0$

由于 $g_1<1$，所以 $a_{200}=0$，即 $g_1=\frac{1}{2}\sqrt{1+2\lambda_j/\lambda_m}$，这意味着 j,m 满足 $j^2<\frac{3}{2}m^2$，这是本部分的前提条件.

通过式(6.3.12)和式(6.3.22)，由 $a_{200}=0$ 可知 $\boldsymbol{W}_{ss}(0,0,0)=\boldsymbol{0}$，故 $\boldsymbol{G}_{300}=\frac{1}{3!}\mathrm{d}^3\boldsymbol{N}(\boldsymbol{\Phi}_1^3)$. 由式(6.3.20)计算可得

$$a_{300}=\langle\boldsymbol{\Phi}_1^*,\boldsymbol{G}_{300}\rangle=\frac{3b_j^2(b_j^*-1)}{2l(1+b_jb_j^*)}<0.$$

由于 $a_{200}=0$，显然可知 $a_{020}\neq0$ 和 $b_{110}\neq0$. 根据式(6.3.15)有以下结论.

定理 6.3.4 若 $g_1=\frac{1}{2}\sqrt{1+2\lambda_j/\lambda_m}$，则约化问题(6.3.11)等价于下面表格的规范形.

	a_{020}	b_{110}	ε_2	ε_3	规范形
$j^2<m^2$	$-$	$-$	$+$	$-$	$\begin{pmatrix}s^3-s\lambda+\tau^2\\ \tau(s-\lambda)\end{pmatrix}$
$m^2<j^2<\frac{3}{2}m^2$	$+$	$+$	$-$	$+$	$\begin{pmatrix}s^3-s\lambda-\tau^2\\ \tau(s+\lambda)\end{pmatrix}$

情况 2: $b_{110}=0$

根据式(6.3.16)，需要考虑三阶系数 b_{210} 和 b_{030}. 首先计算 b_{210}. 由于 $b_{110}=0$，则有 $\boldsymbol{W}_{s\tau}(0,0,0)=\boldsymbol{0}$，那么根据式(6.3.19)有

$$\boldsymbol{G}_{210}=\frac{1}{2}\mathrm{d}^2\boldsymbol{N}(\boldsymbol{\Phi}_2,\boldsymbol{W}_{ss})+\frac{1}{2}\mathrm{d}^3\boldsymbol{N}(\boldsymbol{\Phi}_1^2,\boldsymbol{\Phi}_2).\tag{6.3.23}$$

根据式(6.3.20)，易得式(6.3.23)的第二项

$$\boldsymbol{G}_{210}^{2}=b_j(b_j+2b_m)\varphi_j^2\varphi_m\begin{pmatrix}-1\\1\end{pmatrix}.$$

而对于式(6.3.23)的第一项 $\boldsymbol{G}_{210}^{1}$ 需进一步计算 $\boldsymbol{W}_{ss}(0,0,0)$. 令 $\boldsymbol{W}_{ss}(0,0,0)=\begin{pmatrix}\breve{u}\\\breve{v}\end{pmatrix}$，由式(6.3.22)只需解方程

$$\boldsymbol{L}_0\begin{pmatrix}\breve{u}\\\breve{v}\end{pmatrix}=-Q\mathrm{d}^2\boldsymbol{N}(\boldsymbol{\Phi}_1^2),$$

其边界条件为

$$\breve{u}=\breve{v}=0,\ x=0,l.$$

容易发现其解不唯一，但是由于 $\boldsymbol{W}_{ss}(0,0,0)\in X_1$，因此只能求得唯一的解属于 X_1. 直接运用 ODE 方法求解上述方程，所得之解通过减去 $\boldsymbol{\Phi}_1$ 和(或) $\boldsymbol{\Phi}_2$ 适当的倍数使得其属于 X_1. 忽略细节，该解可表示为

$$\begin{aligned}\boldsymbol{W}_{ss}(0,0,0)=-\Bigg[&C_1\begin{pmatrix}1\\b_j\end{pmatrix}\cos\frac{\pi j}{l}x+C_3\begin{pmatrix}1\\b_m\end{pmatrix}\cos\frac{\pi m}{l}x\\&+C_5\begin{pmatrix}1\\b_j\end{pmatrix}\sin\frac{\pi j}{l}x+r\left(\begin{pmatrix}1\\b_j\end{pmatrix}A+\begin{pmatrix}1\\b_m\end{pmatrix}B\right)\Bigg],\end{aligned}\tag{6.3.24}$$

其中，

$$a_i=\frac{1}{d_2}+\frac{b_i}{d_1^{(j)}},\ c_i=\frac{b_i}{d_1^{(j)}}-\frac{b_j}{d_2},$$

$$s=2\delta b_j\,\frac{2d_2\lambda_j-2g_1+1}{d_2\lambda_j-g_1},\ s_i=a_is,\ t_i=2c_ia_{200},\ i=j,m,$$

$$r=\frac{1}{b_m-b_j},\ C_1=\frac{4rl}{3(\pi j)^2}s_m,\ C_3=-\frac{rl}{(\pi m)^2}\,\frac{4j^2}{4j^2-m^2}s_j,$$

$$A=\frac{l}{(\pi j)^2}\left[-\frac{2}{3}s_m\left(1+\cos^2\frac{\pi j}{l}x\right)+\sqrt{\frac{l}{2}}\,t_m\left(\frac{\pi j}{l}x\cos\frac{\pi j}{l}x-\sin\frac{\pi j}{l}x\right)\right],$$

$$B=\frac{l}{(\pi m)^2}\left[s_j\left(1+\frac{m^2}{4j^2-m^2}\cos\frac{2\pi j}{l}x\right)-\sqrt{2l}\,t_j\,\frac{m^2}{j^2-m^2}\sin\frac{\pi j}{l}x\right],$$

$$C_5=-r\left[\frac{4l}{9(\pi j)^3}s_m+\frac{1+b_m b_j^*}{1+b_j b_j^*}\frac{2l}{(\pi m)^2}\frac{m^2}{j^2-m^2}\left(-\frac{8}{3\pi j}s_j-\sqrt{\frac{l}{2}}t_j\right)\right].$$

在上述计算中用到了

$$-\frac{8}{3\pi j}s_m=\sqrt{\frac{l}{2}}t_m.$$

结合式(6.3.13)和式(6.3.23)，可得

$$\boldsymbol{G}_{210}^1=-\left[e_j\left(C_1\cos\frac{\pi j}{l}x+C_5\sin\frac{\pi j}{l}x\right)+e_m C_3\cos\frac{\pi m}{l}x\right.$$
$$\left.+r(e_jA+e_mB)\right]\begin{pmatrix}-1\\1\end{pmatrix}\varphi_m,$$

其中，$e_i=(\delta+\frac{\delta}{k+\delta^2}b_m)b_i+\delta b_m,i=j,m$. 注意到 $e_j=0$，且由 $b_{110}=0$ 得 $e_m=\frac{1}{r}(\delta+\frac{\delta}{k+\delta^2}b_m)$，因此

$$\begin{aligned}b_{210}&=\langle\boldsymbol{\Phi}_2^*,\boldsymbol{G}_{210}^1+\boldsymbol{G}_{210}^2\rangle\\&=\frac{1-b_m^*}{1+b_m b_m^*}\left[\frac{l}{(\pi m)^2}\left(\delta+\frac{\delta}{k+\delta^2}b_m\right)\left(s_j-\frac{8\sqrt{2l}\,m^4t_j}{\pi j(4m^2-j^2)(j^2-m^2)}\right)\right.\\&\quad\left.-\frac{b_j}{l}(b_j+2b_m)\right].\end{aligned}$$

接着计算 b_{030}. 由式(6.3.20)知，式(6.3.19)的第二个式子的第二项为

$$\boldsymbol{G}_{030}^2=b_m^2\varphi_m^3\begin{pmatrix}-1\\1\end{pmatrix}.$$

第一项 $\boldsymbol{G}_{030}^1$ 需要计算 $\boldsymbol{W}_{\tau\tau}(0,0,0)$. 因为 $\boldsymbol{W}_{\tau\tau}(0,0,0)\in X_1$，所以同上可得

$$\boldsymbol{W}_{\tau\tau}(0,0,0)=-\left[\bar{C}_1\begin{pmatrix}1\\b_j\end{pmatrix}\cos\frac{\pi j}{l}x+\bar{C}_3\begin{pmatrix}1\\b_m\end{pmatrix}\cos\frac{\pi m}{l}x\right.$$
$$\left.+\bar{C}_5\begin{pmatrix}1\\b_j\end{pmatrix}\sin\frac{\pi j}{l}x+r\left(\begin{pmatrix}1\\b_j\end{pmatrix}\bar{A}+\begin{pmatrix}1\\b_m\end{pmatrix}\bar{B}\right)\right],\quad(6.3.25)$$

其中，

$$\bar{s}=2\delta b_m \frac{2d_2\lambda_m-2g_1+1}{d_2\lambda_m-g_1},\ \bar{s}_i=a_i\bar{s},\ \bar{t}_i=2c_i a_{020},\ i=j,m,$$

$$\bar{C}_1=\frac{rl}{(\pi j)^2}\frac{4m^2}{4m^2-j^2}\bar{s}_m,\ \bar{C}_3=-\frac{4rl}{3(\pi m)^2}\bar{s}_j,$$

$$\bar{A}=\frac{l}{(\pi j)^2}\left[-\bar{s}_m\left(1+\frac{j^2}{4m^2-j^2}\cos\frac{2\pi m}{l}x\right)\right.$$

$$\left.+\sqrt{\frac{l}{2}}\bar{t}_m\left(\frac{\pi j}{l}x\cos\frac{\pi j}{l}x-\sin\frac{\pi j}{l}x\right)\right],$$

$$\bar{B}=\frac{l}{(\pi m)^2}\left[\frac{2}{3}\bar{s}_j\left(1+\cos^2\frac{\pi m}{l}x\right)-\sqrt{2l}\,\bar{t}_j\frac{m^2}{j^2-m^2}\sin\frac{\pi j}{l}x\right],$$

$$\bar{C}_5=-r\left[\frac{4l}{(\pi j)^3}\frac{m^2(5j^2-4m^2)}{(4m^2-j^2)^2}\bar{s}_m-\frac{1+b_m b_j^*}{1+b_j b_j^*}\frac{2l}{(\pi m)^2}\frac{m^2}{j^2-m^2}\right.$$

$$\left.\times\left(\frac{8m^2\bar{s}_j}{\pi j(4m^2-j^2)}+\sqrt{\frac{l}{2}}\bar{t}_j\right)\right].$$

上述过程中同样用到了

$$-\frac{8m^2}{\pi j(4m^2-j^2)}\bar{s}_m=\sqrt{\frac{l}{2}}\bar{t}_m.$$

运用 $e_j=0$ 和 $e_m=\frac{1}{r}\left(\delta+\frac{\delta}{k+\delta^2}b_m\right)$，可得

$$\boldsymbol{G}_{030}^1=-\left(e_m\bar{C}_3\cos\frac{\pi m}{l}x+re_m\bar{B}\right)\begin{pmatrix}-1\\1\end{pmatrix}\varphi_m.$$

所以

$$\begin{aligned}b_{030}&=\langle\boldsymbol{\Phi}_2^*,\boldsymbol{G}_{030}^1+\boldsymbol{G}_{030}^2\rangle\\&=\frac{1-b_m^*}{1+b_m b_m^*}\left[\frac{l}{(\pi m)^2}\left(\delta+\frac{\delta}{k+\delta^2}b_m\right)\right.\\&\qquad\left.\times\left(\frac{5}{6}\bar{s}_j-\frac{8\sqrt{2l}\,m^4\bar{t}_j}{\pi j(4m^2-j^2)(j^2-m^2)}\right)-\frac{3}{2l}b_m^2\right].\end{aligned}$$

进而可得

$$C=a_{020}b_{210}-a_{200}b_{030}=\frac{(1-b_m^*)(b_j^*-1)}{(1+b_m b_m^*)(1+b_j b_j^*)}\frac{1}{\pi j}\sqrt{\frac{2}{l}}C',$$

$$C' = \left(\delta + \frac{\delta}{k+\delta^2} b_m\right) \frac{4l\bar{s}s_j}{(\pi m)^2} \frac{5j^2 - 2m^2}{18(4m^2 - j^2)}$$

$$- \frac{4m^2}{4m^2 - j^2} \frac{\bar{s}}{l} b_j (b_j + 2b_m) + \frac{2s}{l} b_m^2$$

$$= \frac{2\delta b_m^3 b_j^2 d_2 (\lambda_j - \lambda_m)}{72\, l g_0^2 (4m^2 - j^2) m^4 j^4} C'',$$

$$C'' = -2m^{10} - 31m^8 j^2 - 702m^6 j^4 + 108m^4 j^6 - 16m^2 j^8 - 5j^{10} + (2m^8 + 21m^6 j^2 - 19m^4 j^4 - 9m^2 j^6 + 5j^8) \sqrt{(m^2 + j^2)^2 + 8m^2 j^2}.$$

同样，$b_{110} = 0$，即 $g_1 = \dfrac{(\lambda_j + \lambda_m)\sqrt{(\lambda_j + \lambda_m)^2 + 8\lambda_j\lambda_m} - (\lambda_j - \lambda_m)^2}{8\lambda_j\lambda_m}$，这意味着 $a_{200} \neq 0$ 和 $a_{020} \neq 0$，故根据式(6.3.16)有如下结论.

定理 6.3.5　若 $g_1 = \dfrac{(\lambda_j + \lambda_m)\sqrt{(\lambda_j + \lambda_m)^2 + 8\lambda_j\lambda_m} - (\lambda_j - \lambda_m)^2}{8\lambda_j\lambda_m}$，当 $j^2 > 10m^2$ 时 $C'' \neq 0$，则约化问题(6.3.11)等价于下面表格的规范形.

	a_{200}	a_{020}	C	ε_2	ε_3	规范形
$j^2 < m^2$	+	−	+	−	−	$\begin{pmatrix} s^2 - \lambda^2 - \tau^2 \\ \tau(s^2 - \lambda) \end{pmatrix}$
$m^2 < j^2 < 4m^2$	−	+	−	−	−	$\begin{pmatrix} s^2 - \lambda^2 - \tau^2 \\ \tau(s^2 - \lambda) \end{pmatrix}$
$4m^2 < j^2 < 10m^2$	−	−	+	+	−	$\begin{pmatrix} s^2 - \lambda^2 + \tau^2 \\ \tau(s^2 - \lambda) \end{pmatrix}$
$j^2 > 10m^2$	−	−	$-\mathrm{sgn}C''$	+	$\mathrm{sgn}C''$	$\begin{pmatrix} s^2 - \lambda^2 + \tau^2 \\ \tau(s^2 + \mathrm{sgn}C''\lambda) \end{pmatrix}$

若条件 $j^2 > 10m^2$ 时 $C''=0$，则上述定理无效，从而需要进一步考虑文献[145]中规范形 $(8)_{321}$.

情况 3： $a_{020}=0$

鉴于 $g_1<1$，由式(6.3.14)的第二个式子知 $a_{020}=0$，这意味着 j,m 满足 $j^2>\dfrac{2}{3}m^2$. 显然，根据式(6.3.12)和式(6.3.22)，由 $a_{020}=0$ 可得 $\boldsymbol{W}_{\tau\tau}(0,0,0)=0$，因此 $\boldsymbol{G}_{300}=\dfrac{1}{3!}\mathrm{d}^3\boldsymbol{N}(\boldsymbol{\Phi}_2^3)$. 由式(6.3.20)通过直接计算可得

$$b_{030}=\langle\boldsymbol{\Phi}_2^*,\boldsymbol{G}_{300}\rangle=\frac{3b_m^2(b_m^*-1)}{2l(1+b_mb_m^*)}.$$

对于规范形(6.3.17)，需要进一步计算 a_{120}，a_{021}，a_{040}.

首先计算 a_{120}. 由于 $\boldsymbol{W}_{\tau\tau}(0,0,0)=\mathbf{0}$，可得

$$\boldsymbol{G}_{120}=\mathrm{d}^2\boldsymbol{N}(\boldsymbol{\Phi}_2,\boldsymbol{W}_{s\tau})+\frac{1}{2}\mathrm{d}^3\boldsymbol{N}(\boldsymbol{\Phi}_1,\boldsymbol{\Phi}_2^2).\tag{6.3.26}$$

易得

$$\boldsymbol{G}_{120}^2=b_m(b_m+2b_j)\varphi_j\varphi_m^2\begin{pmatrix}-1\\1\end{pmatrix}.$$

同上，相同的讨论得到

$$\begin{aligned}\boldsymbol{W}_{s\tau}(0,0,0)=-\Bigg[&\widetilde{C}_1\begin{pmatrix}1\\b_j\end{pmatrix}\cos\frac{\pi j}{l}x+\widetilde{C}_3\begin{pmatrix}1\\b_m\end{pmatrix}\cos\frac{\pi m}{l}x\\&+\widetilde{C}_5\begin{pmatrix}1\\b_m\end{pmatrix}\sin\frac{\pi m}{l}x+r\left(\begin{pmatrix}1\\b_j\end{pmatrix}\widetilde{A}+\begin{pmatrix}1\\b_m\end{pmatrix}\widetilde{B}\right)\Bigg],\end{aligned}\tag{6.3.27}$$

其中，

$$\tilde{c}_i=\frac{b_i}{d_1^{(j)}}-\frac{b_m}{d_2},\ \tilde{s}=2\left[\delta(b_m+b_j)+\frac{\delta}{k+\delta^2}b_jb_m\right],$$

$$\tilde{s}_i=a_i\tilde{s},\ \tilde{t}_i=\tilde{c}_ib_{110},\ i=j,m,$$

$$\widetilde{C}_1=\frac{rl}{\pi^2jm}\frac{4j^2}{4j^2-m^2}\tilde{s}_m,\ \widetilde{C}_3=-\frac{rl}{\pi^2jm}\frac{4m^2}{4m^2-j^2}\tilde{s}_j,$$

$$\begin{aligned}\widetilde{A}=\frac{l}{(\pi j)^2}\Bigg[&-\frac{\tilde{s}_mj^2}{m}\left(\frac{1}{2j+m}\cos\frac{\pi(j+m)}{l}x+\frac{1}{2j-m}\cos\frac{\pi(j-m)}{l}x\right)\\&-\frac{\sqrt{2l}\,\tilde{t}_mj^2}{j^2-m^2}\sin\frac{\pi m}{l}x\Bigg],\end{aligned}$$

$$\widetilde{B}=\frac{l}{(\pi m)^2}\left[\tilde{s}_j\frac{m^2}{j}\left(\frac{1}{2m+j}\cos\frac{\pi(j+m)}{l}x+\frac{1}{2m-j}\cos\frac{\pi(m-j)}{l}x\right)\right.$$

$$\left.-\sqrt{\frac{l}{2}}\tilde{t}_j\left(-\sin\frac{\pi m}{l}x+\frac{\pi m}{l}x\cos\frac{\pi m}{l}x\right)\right],$$

$$\widetilde{C}_5=r\left[\frac{4l}{(\pi m)^2\pi j}\frac{m^2(4m^2-3j^2)}{(4m^2-j^2)^2}\tilde{s}_j-\frac{1+b_jb_m^*}{1+b_mb_m^*}\frac{2l}{(\pi j)^2}\frac{j^2}{m^2-j^2}\right.$$

$$\left.\times\left(\frac{8m^2\tilde{s}_m}{\pi j(4m^2-j^2)}+\sqrt{\frac{l}{2}}\tilde{t}_m\right)\right].$$

同样运用到

$$-\frac{8m^2}{\pi j(4m^2-j^2)}\tilde{s}_j=\sqrt{\frac{l}{2}}\tilde{t}_j.$$

从而式(6.3.26)的第一项为

$$\boldsymbol{G}_{120}^1=-2\left[e_j\widetilde{C}_1\cos\frac{\pi j}{l}x+e_m\left(\widetilde{C}_3\cos\frac{\pi m}{l}x+\widetilde{C}_5\sin\frac{\pi m}{l}x\right)\right.$$

$$\left.+r(e_j\widetilde{A}+e_m\widetilde{B})\right]\begin{pmatrix}-1\\1\end{pmatrix}\varphi_m.$$

显然，$e_m=0$. 由 $a_{020}=0$ 得 $e_j=\dfrac{\delta}{r}$，则

$$a_{120}=\langle\boldsymbol{\Phi}_1^*,\boldsymbol{G}_{120}^1+\boldsymbol{G}_{120}^2\rangle$$

$$=\frac{b_j^*-1}{1+b_jb_j^*}\left[\frac{2\delta l}{(\pi j)^2}\left(\frac{j^2}{4j^2-m^2}\tilde{s}_m-\frac{8\sqrt{2l}m^2j^2\tilde{t}_m}{\pi j(4m^2-j^2)(m^2-j^2)}\right)\right.$$

$$\left.+\frac{1}{l}b_m(b_m+2b_j)\right].$$

接着考虑系数 a_{021}. 根据式(6.3.19)和式(6.3.21)有

$$\boldsymbol{G}_{021}=\mathrm{d}^2\boldsymbol{N}(\boldsymbol{\Phi}_2,\boldsymbol{W}_{\tau\lambda}).$$

同样可得

$$\boldsymbol{W}_{\tau\lambda}(0,0,0)=-\left[\hat{\boldsymbol{w}}+\hat{C}_5\begin{pmatrix}1\\b_m\end{pmatrix}\varphi_m\right]=\frac{\lambda_mb_m^2}{(1+b_mb_m^*)^2g_0}\begin{pmatrix}-b_m^*\\1\end{pmatrix}\varphi_m,\tag{6.3.28}$$

其中，

$$\hat{t}_i=\frac{(\lambda_m+b_{011})b_i}{d_1^{(j)}}-\frac{b_{011}\,b_m}{d_2},\ i=j,m,\ \hat{t}_j=0,$$

$$\hat{w}=-\frac{rl^2}{(\pi j)^2}\frac{\hat{t}_m j^2}{j^2-m^2}\begin{pmatrix}1\\b_j\end{pmatrix}\varphi_m=\frac{\lambda_m b_m}{d_2 b_j(1+b_m b_m^*)(\lambda_j-\lambda_m)}\begin{pmatrix}1\\b_j\end{pmatrix}\varphi_m,$$

$$\hat{C}_5=-\frac{(1+b_j b_m^*)\lambda_m b_m}{d_2 b_j\,(1+b_m b_m^*)^2(\lambda_j-\lambda_m)}.$$

结合 $e_m=0$ 和式(6.3.13)可得

$$\boldsymbol{G}_{021}=\frac{-2\delta\lambda_m b_m^2}{(1+b_m b_m^*)g_0}\begin{pmatrix}-1\\1\end{pmatrix}\varphi_m^2.$$

因此

$$a_{021}=\langle\boldsymbol{\Phi}_1^*,\boldsymbol{G}_{021}\rangle=\frac{1-b_j^*}{1+b_j b_j^*}\frac{2\delta\lambda_m b_m^2}{(1+b_m b_m^*)g_0}\sqrt{\frac{2}{l}}\frac{8m^2}{\pi j(4m^2-j^2)}.$$

最后讨论系数 a_{040}. 由于 $\boldsymbol{W}_{\tau\tau}(0,0,0)=\boldsymbol{0}$, 则 $\boldsymbol{G}$ 的四阶导数为

$$\boldsymbol{G}_{040}=\frac{1}{3!}\mathrm{d}^2\boldsymbol{N}(\boldsymbol{\Phi}_2,\boldsymbol{W}_{\tau\tau\tau})+\frac{1}{4!}\mathrm{d}^4\boldsymbol{N}(\boldsymbol{\Phi}_2^4),$$

其中, $\boldsymbol{W}_{\tau\tau\tau}(0,0,0)=-\boldsymbol{L}_0^{-1}Q\mathrm{d}^3\boldsymbol{N}(\boldsymbol{\Phi}_2^3)$. 对于系统(6.3.1), 上述公式的第二项等于 **0**. 进而运用同样的 ODE 方法可得

$$\boldsymbol{W}_{\tau\tau\tau}(0,0,0)=-\left[\bar{\bar{C}}_5\begin{pmatrix}1\\b_m\end{pmatrix}\sin\frac{\pi m}{l}x+r\left(\begin{pmatrix}1\\b_j\end{pmatrix}\bar{\bar{A}}+\begin{pmatrix}1\\b_m\end{pmatrix}\bar{\bar{B}}\right)\right],$$

其中,

$$\bar{\bar{s}}_i=a_i b_m^2,\ \bar{\bar{t}}_i=\tilde{c}_i b_{030},\ i=j,m,$$

$$\bar{\bar{A}}=\left(\frac{l}{\pi j}\right)^2\sqrt{\frac{2}{l}}\left(-\frac{1}{2l}\bar{\bar{s}}_m\frac{j^2}{9m^2-j^2}\sin\frac{3\pi m}{l}x+\left(\frac{3}{2l}\bar{\bar{s}}_m+\bar{\bar{t}}_m\right)\right.$$
$$\left.\times\frac{j^2}{m^2-j^2}\sin\frac{\pi m}{l}x\right),$$

$$\bar{\bar{B}}=-\left(\frac{l}{\pi m}\right)^2\sqrt{\frac{2}{l}}\frac{1}{4l}\bar{\bar{s}}_j\sin^3\frac{\pi m}{l}x,$$

$$\bar{\bar{C}}_5=r\left[\left(\frac{l}{\pi m}\right)^2\left(\sqrt{\frac{2}{l}}\right)^3\frac{3}{32}\bar{\bar{s}}-\frac{1+b_j b_m^*}{1+b_m b_m^*}\left(\frac{l}{\pi j}\right)^2\sqrt{\frac{2}{l}}\frac{j^2}{m^2-j^2}\right.$$
$$\left.\times\left(\frac{3}{2l}\bar{\bar{s}}_m+\bar{\bar{t}}_m\right)\right].$$

上述计算中运用到

$$-\frac{3}{2l}\bar{\bar{s}}_j=\bar{\bar{t}}_j.$$

考虑到 $e_m=0$ 和 $e_j=\frac{\delta}{r}$，有

$$\boldsymbol{G}_{040}=-2\delta\,\overline{\overline{A}}\begin{pmatrix}-1\\1\end{pmatrix}\varphi_m.$$

因此

$$\begin{aligned}a_{040}&=\langle\boldsymbol{\Phi}_1^*,\boldsymbol{G}_{040}\rangle\\&=\frac{2\delta(1-b_j^*)}{1+b_jb_j^*}\left(\frac{\sqrt{2l}}{\pi j}\right)^3\frac{m^2j^2}{4m^2-j^2}\left[\frac{6j^2}{l(9m^2-j^2)(16m^2-j^2)}\bar{\bar{s}}_m\right.\\&\quad\left.+\frac{4}{m^2-j^2}\left(\frac{3}{2l}\bar{\bar{s}}_m+\bar{\bar{t}}_m\right)\right].\end{aligned}$$

进而可得

$$\begin{aligned}D_1&=b_{011}(a_{200}b_{011}-a_{101}b_{110})\\&=\frac{\delta b_j\lambda_m(\lambda_j-\lambda_m)}{(1+b_jb_j^*)(1+b_mb_m^*)^2(g_1-d_2\lambda_j)}\sqrt{\frac{2}{l}}\frac{16}{3\pi j}\frac{j^2-m^2}{(4m^2-j^2)j^2}D_1',\\D_1'&=4j^2-3\sqrt{j^4+2m^2j^2}\neq0,\\D_2&=a_{200}b_{030}^2-a_{120}b_{030}b_{110}+a_{040}b_{110}^2\\&=\frac{\delta(b_j^*-1)(b_m^*-1)^2}{(1+b_jb_j^*)(1+b_mb_m^*)^2}\sqrt{\frac{2}{l}}\frac{24b_m^2g_0^3d_2(\lambda_j-\lambda_m)}{\pi jl^2(d_2\lambda_j-g_1)^2(d_2\lambda_m-g_1)^2}\\&\quad\times\frac{j^2-m^2}{(4m^2-j^2)j^2}D_2',\\D_2'&=\sqrt{j^4+2m^2j^2}-\frac{3j^4}{2(j^2-m^2)}-\left(\frac{3\times32^2m^6(6m^2-j^2)}{\pi^2(4m^2-j^2)^2(m^2-j^2)(9m^2-j^2)}\right.\\&\quad\left.\times\frac{1}{16m^2-j^2}+\frac{j^2}{4j^2-m^2}\right)(2m^2-j^2+\sqrt{j^4+2m^2j^2})\neq0,\\D_3&=b_{110}(a_{021}b_{110}-a_{120}b_{011})+b_{030}(2a_{200}b_{011}-a_{101}b_{110})\\&=\frac{\delta\lambda_m(b_j^*-1)(b_m^*-1)}{(1+b_jb_j^*)(1+b_mb_m^*)^2}\sqrt{\frac{2}{l}}\frac{8g_0(b_m-b_j)}{\pi jl(d_2\lambda_j-g_1)(d_2\lambda_m-g_1)}\\&\quad\times\frac{j^2-m^2}{(4m^2-j^2)j^2}D_3',\end{aligned}$$

$$D'_3=\left(\frac{16^2m^6}{(\pi j)^2\ (4m^2-j^2)^2(m^2-j^2)}+\frac{2j^2}{4j^2-m^2}\right)(2m^2-j^2+\sqrt{j^4+2m^2j^2})$$
$$+\frac{(m^2+2j^2)j^2}{j^2-m^2}-5(\sqrt{j^4+2m^2j^2}-j^2),$$

$$D_4=4D_1D_2-D_3^2$$
$$=\left(\frac{\delta\lambda_m(b_j^*-1)(b_m^*-1)}{(1+b_jb_j^*)\ (1+b_mb_m^*)^2}\sqrt{\frac{2}{l}}\ \frac{8g_0(b_m-b_j)}{\pi jl(d_2\lambda_j-g_1)(d_2\lambda_m-g_1)}\right.$$
$$\left.\times\frac{j^2-m^2}{(4m^2-j^2)j^2}\right)^2D'_4,$$

$$D'_4=8D'_1D'_2-D'^2_3\neq 0,$$

则 $D_1D_2D_4\neq 0$.

同样，$a_{020}=0$，即 $g_1=\frac{1}{2}\sqrt{1+2\lambda_m/\lambda_j}$，这意味着 $a_{200}\neq 0$ 和 $b_{110}\neq 0$，因此根据式(6.3.17)有如下结果.

定理 6.3.6　若 $g_1=\frac{1}{2}\sqrt{1+2\lambda_m/\lambda_j}$，则约化问题(6.3.11)等价于下面表格的规范形.

	a_{200}	D_2	ε_2	规范形
$j^2<m^2$	$+$	$\mathrm{sgn}D'_2$	$\mathrm{sgn}D'_2$	$\begin{pmatrix}s^2-\lambda^2+\mathrm{sgn}D'_2\tau^4+2\kappa\tau^2\lambda\\ \tau(s+\rho\lambda)\end{pmatrix}$
$m^2<j^2<4m^2$	$-$	$+$	$-$	$\begin{pmatrix}s^2-\lambda^2-\tau^4+2\kappa\tau^2\lambda\\ \tau(s+\rho\lambda)\end{pmatrix}$
$j^2>4m^2$	$-$	$-$	$+$	$\begin{pmatrix}s^2-\lambda^2+\tau^4+2\kappa\tau^2\lambda\\ \tau(s+\rho\lambda)\end{pmatrix}$

其中，$\rho=\frac{2D_5\,|a_{200}|}{b_{110}\,|a_{101}|}$，$\kappa=\frac{2D_3}{|a_{101}|}\sqrt{\left|\frac{a_{200}}{D_2}\right|}\ \mathrm{sgn}a_{200}$.

注意到 $D_4\neq 0$ 和 $a_{200}D_2\neq 0$，这分别意味着 $\varepsilon_2(\rho^2-1)\neq\kappa$ 和 $\rho^2\neq 1$，

即式(6.3.17)的限制条件成立.

情况 4: $a_{101}b_{110}-a_{200}b_{011}=0$

根据式(6.3.18)需要计算 E 中的 a_{300}, b_{210}, a_{201}, b_{012}, a_{102} 和 b_{210}. 同样可得

$$\boldsymbol{W}_{s\lambda}(0,0,0)=\frac{\lambda_j b_j^2}{(1+b_j b_j^*)^2 g_0}\begin{pmatrix}-b_j^*\\1\end{pmatrix}\varphi_j. \tag{6.3.29}$$

则结合式(6.3.24)、式(6.3.27)～(6.3.29)，忽略计算细节可有

$$a_{300}=\frac{1-b_j^*}{1+b_j b_j^*}\left\{f_j C_5\frac{8}{3\pi j}+r\left[-f_j\frac{l}{(\pi j)^2}\left(\frac{5}{6}-\frac{256}{27(\pi j)^2}\right)s_m\right.\right.$$
$$\left.\left.+f_m\frac{l}{(\pi m)^2}\left(\frac{8j^2-3m^2}{2(4j^2-m^2)}s_j-\frac{8\sqrt{2l}m^2 t_j}{3\pi j(j^2-m^2)}\right)\right]-\frac{3}{2l}b_j^2\right\},$$

$$b_{210}=\frac{1-b_m^*}{1+b_m b_m^*}\left\{(e_j C_5+2f_m\widetilde{C}_5)\frac{8m^2}{\pi j(4m^2-j^2)}+r\left[\frac{-e_j l}{(\pi j)^2}\right.\right.$$
$$\times\left(1+\frac{256m^2}{3(\pi j)^2}\frac{(j^2-2m^2)}{(j^2-4m^2)^2}\right)s_m+\frac{e_m l}{(\pi m)^2}\left(s_j-\frac{8\sqrt{2l}m^4}{\pi j(4m^2-j^2)(j^2-m^2)}t_j\right)$$
$$-\frac{2f_j l}{(\pi j)^2}\left(\frac{j^2}{4j^2-m^2}\tilde{s}_m-\frac{8\sqrt{2l}m^2 j^2}{\pi j(4m^2-j^2)(m^2-j^2)}\tilde{t}_m\right)$$
$$\left.\left.+\frac{2f_m l}{(\pi m)^2}\left(\frac{m^2}{4m^2-j^2}-\frac{4}{(\pi j)^2}\left(\frac{m^2}{4m^2-j^2}\right)^3\right)\tilde{s}_j\right]-\frac{b_j(b_j+2b_m)}{l}\right\},$$

$$a_{201}=\frac{2\lambda_j b_j^2(b_j^*-1)}{(1+b_j b_j^*)^3 g_0}\left(\delta+\frac{\delta}{k+\delta^2}b_j-\delta b_j b_j^*\right)\sqrt{\frac{2}{l}}\frac{8}{3\pi j}+\frac{1}{\sqrt{2l}(1+b_j b_j^*)}$$
$$\times\left\{\lambda_j C_2\frac{l}{2}+\frac{2\lambda_m C_3 l j^2}{\pi j(j^2-m^2)}+r\lambda_j\left[\frac{2l^2}{9(\pi j)^3}s_m-\left(\frac{l}{\pi m}\right)^2\left(\frac{8m^2}{3\pi j(4j^2-m^2)}s_j\right.\right.\right.$$
$$\left.\left.\left.+\sqrt{\frac{l}{2}}\frac{m^2}{j^2-m^2}t_j\right)\right]\right\},$$

$$b_{012}=\frac{\lambda_m^2 b_m^2 b_m^*}{(1+b_m b_m^*)^3 g_0},$$

$$a_{102}=\frac{\lambda_j^2 b_j^2 b_j^*}{(1+b_j b_j^*)^3 g_0},$$

$$b_{111}=\frac{1}{1+b_m b_m^*}\sqrt{\frac{2}{l}}\left\{\lambda_j\widetilde{C}_1\frac{2l}{\pi m}\frac{m^2}{m^2-j^2}+\lambda_m\widetilde{C}_5\frac{l}{2}+r\left[\frac{-l}{(\pi j)^2}\left(\frac{8\pi j\tilde{s}_m}{l}\right.\right.\right.$$

$$\times\frac{m^4+j^4-3m^2j^2}{(4j^2-m^2)(4m^2-j^2)}+\sqrt{\frac{l}{2}}\frac{j^2 l\lambda_m\tilde{t}_m}{j^2-m^2}\Bigg)+\frac{l}{(\pi m)^2}\left(\frac{8\pi m^4(j^2-2m^2)}{lj(4m^2-j^2)^2}\right.$$

$$\left.\left.\left.+\frac{2lm^2\lambda_m}{\pi j(4m^2-j^2)}\right)\tilde{s}_j\right]\right\}+\frac{2(b_m^*-1)\delta}{(1+b_m b_m^*)g_0}\sqrt{\frac{2}{l}}\frac{8m^2}{\pi j(4m^2-j^2)}$$

$$\times\left[\frac{\lambda_m b_m^2}{(1+b_m b_m^*)^2}\left(1+\frac{b_j}{g_0}-b_j b_m^*\right)+\frac{\lambda_j b_j^2}{(1+b_j b_j^*)^2}\left(1+\frac{b_m}{g_0}-b_m b_j^*\right)\right],$$

其中，$f_i=\left(\delta+\dfrac{\delta}{k+\delta^2}b_j\right)b_i+\delta b_m, i=j,m.$

根据式(6.3.14)易知 $a_{101}b_{110}-a_{200}b_{011}=0$ 意味着 $a_{200}a_{020}b_{110}\neq 0$. 由于式(6.3.18)中变量的复杂性，只给出粗略的结果.

定理 6.3.7　若 g_1 满足 $a_{101}b_{110}-a_{200}b_{011}=0$，当 $E\neq 0$ 时，则约化问题(6.3.11)等价于规范形

$$\begin{pmatrix} s^2-\lambda^2+\varepsilon_2\tau^2 \\ \tau(s+\varepsilon_1\lambda+\varepsilon_3\lambda^2) \end{pmatrix},$$

其中，$\varepsilon_1=\mathrm{sgn}b_{110}$，$\varepsilon_2=\mathrm{sgn}(a_{200}a_{020})$，$\varepsilon_3=\mathrm{sgn}(b_{110}E)$.

若 $E=0$，则上述定理不成立，需进一步讨论文献[145]中规范形$(7)_3$.

2. 整数 j 和 m 同奇

此情况中，$a(s,\tau,\lambda)$ 和 $b(s,\tau,\lambda)$ 低于二阶的泰勒系数全是 0，二阶系数除了 $a_{011}=0$ 和 $b_{101}=0$ 外全不为 0. 进而根据文献[143]可知，约化问题(6.3.10)等价于文献[143]中命题 5.5 的规范形.

3. 整数 j 和 m 同偶

若 j 和 m 同偶，则可知除了 $a_{101}>0$ 和 $b_{011}>0$ 外，其他低于三阶的系数全为 0，故需进一步考虑三阶系数.

结合式(6.3.24)、式(6.3.25)、式(6.3.27)～(6.3.29)可得 $C_5=t_i=$

$\overline{C}_5=\bar{t}_i=\widetilde{C}_5=\tilde{t}_i=0, i=j,m$. 则

$$a_{300}=\frac{1-b_j^*}{1+b_jb_j^*}\left[r\left(-\frac{5}{6}\frac{f_jl}{(\pi j)^2}s_m+\frac{f_ml}{(\pi m)^2}\frac{8j^2-3m^2}{2(4j^2-m^2)}s_j\right)-\frac{3}{2l}b_j^2\right],$$

$$b_{030}=\frac{1-b_m^*}{1+b_mb_m^*}\left[r\left(-\frac{e_jl}{(\pi j)^2}\frac{8m^2-3j^2}{2(4m^2-j^2)}\bar{s}_m+\frac{5}{6}\frac{e_ml}{(\pi m)^2}\bar{s}_j\right)-\frac{3}{2l}b_m^2\right],$$

$$b_{210}=\frac{1-b_m^*}{1+b_mb_m^*}\left\{r\left[-\frac{e_jl}{(\pi j)^2}s_m+\frac{e_ml}{(\pi m)^2}s_j-2\left(\frac{f_jl}{(\pi j)^2}\frac{j^2\tilde{s}_m}{4j^2-m^2}\right.\right.\right.$$
$$\left.\left.\left.-\frac{f_ml}{(\pi m)^2}\frac{m^2\tilde{s}_j}{4m^2-j^2}\right)\right]-\frac{1}{l}b_j(b_j+2b_m)\right\},$$

$$a_{120}=\frac{1-b_j^*}{1+b_jb_j^*}\left\{r\left[-\frac{f_jl}{(\pi j)^2}\bar{s}_m+\frac{f_ml}{(\pi m)^2}\bar{s}_j-2\left(\frac{e_jl}{(\pi j)^2}\frac{j^2\tilde{s}_m}{4j^2-m^2}\right.\right.\right.$$
$$\left.\left.\left.-\frac{e_ml}{(\pi m)^2}\frac{m^2\tilde{s}_j}{4m^2-j^2}\right)\right]-\frac{1}{l}b_m(b_m+2b_j)\right\},$$

$$b_{300}=a_{030}=a_{210}=b_{120}=a_{201}=b_{201}=a_{021}=b_{021}=a_{111}=b_{111}=0.$$

若上述系数满足

$$\begin{aligned}&a_{300}b_{030}\neq 0,\quad a_{300}b_{011}-b_{210}a_{101}\neq 0,\\&a_{120}b_{011}-b_{030}a_{101}\neq 0,\quad a_{300}b_{030}-a_{120}b_{210}\neq 0,\end{aligned}\tag{6.3.30}$$

则根据文献[106]有如下结论.

定理 6.3.8　若式(6.3.29)成立，则约化问题(6.3.10)等价于规范形

$$\begin{pmatrix}\varepsilon_1s^3+ms\tau^2+\lambda s\\ ns^2\tau+\varepsilon_2\tau^3+\lambda\tau\end{pmatrix},$$

其中，

$$\varepsilon_1=\mathrm{sgn}a_{300},\ \varepsilon_2=\mathrm{sgn}b_{030},$$

$$m=\left|\frac{b_{011}}{a_{101}b_{030}}\right|a_{120},\ n=\left|\frac{a_{101}}{a_{300}b_{011}}\right|b_{210}.$$

注 6.3.2　如同定理 6.3.3，根据式(6.3.29)，定理 6.3.8 仅仅对于 g_1 的有限个值不成立.

总之，若约化问题(6.3.10)可解，则方程(6.3.1)有如下形式的解

$$\begin{pmatrix}u\\v\end{pmatrix}=s\boldsymbol{\Phi}_1+\tau\boldsymbol{\Phi}_2+\boldsymbol{W}(s,\tau,\lambda),\tag{6.3.31}$$

其中，$\boldsymbol{W}(0,0,\lambda)=\mathbf{0}$，$(s,\tau)$ 是约化问题(6.3.10)(0,0) 附近的局部解．上述解的形式涉及两个模式 φ_j 和 φ_m，而且类似单重分歧情况，上述所讨论的分歧适合任何二重分歧，不仅仅是第一二重分歧．

6.4　分歧解的稳定性

本节讨论分歧解(6.3.3)和(6.3.30)的稳定性．为讨论方便，记 $d_1^{(k)}=d_{1\min}$ 和 $\boldsymbol{\Phi}_j=\boldsymbol{\Phi}_1$．

根据式(6.2.3)知，当 $j\neq k$ 时，$\boldsymbol{L}_0$ 有一个实部大于零的特征值，从而根据线性算子扰动理论有如下结论．

定理 6.4.1　假设 $j\neq k$，则分歧解(6.3.3)和(6.3.30)是不稳定的．

接着讨论 $j=k$ 的情况，利用附录中的定理 B.1.5 需引入下列引理．

引理 6.4.1[1]　设 $X\subset Y$，包含映射 i：$X\rightarrow Y$ 是连续的，而且 0 是 L_0 的 i- 单重特征值，则存在分别定义在 $\lambda=0$ 和 $s=0$ 邻域内的函数

$$\lambda\rightarrow(\gamma(\lambda),\boldsymbol{X}(\lambda)),\ s\rightarrow(\eta(s),\boldsymbol{Y}(s)),$$

使得 $(\gamma(0),\boldsymbol{X}(0))=(0,\boldsymbol{\Phi}_j)=(\eta(0),\boldsymbol{Y}(0))$，并且在这些邻域内有

$$\boldsymbol{L}(\lambda)\boldsymbol{X}(\lambda):=\boldsymbol{F}_w(\mathbf{0},\lambda)\boldsymbol{X}(\lambda)=\gamma(\lambda)\boldsymbol{X}(\lambda),\tag{6.4.1}$$

$$\boldsymbol{F}_w(\boldsymbol{w}(s),\lambda(s))\boldsymbol{Y}(s)=\eta(s)\boldsymbol{Y}(s).$$

若 $\gamma'(0)\neq 0$，且对于 0 附近的 s 有 $\eta(s)\neq 0$，则

$$\lim_{s\rightarrow 0}\frac{s\lambda'(s)\gamma'(0)}{\eta(s)}=-1.$$

定理 6.4.2　假设 $j=k$ 和任意的 $m\neq j$ 有 $d_1^{(j)}\neq d_1^{(m)}$，并且 k 为奇数．

(i) 若 $1+2(d_2\lambda_k-g_1)>0$，则分歧解 $(w_k(s),\lambda(s))$ 在 $-\delta<s<0$ 上是不稳定的，在 $0<s<\delta$ 上是稳定的．

(ii) 若 $1+2(d_2\lambda_k-g_1)<0$，则分歧解 $(w_k(s),\lambda(s))$ 在 $-\delta<s<0$ 上是稳定的，在 $0<s<\delta$ 上是不稳定的．

为了证明上述定理，先给出以下引理．

引理 6.4.2 当 $j=k$ 时，0 是 $\boldsymbol{L}_0$ 的 i- 单重特征值，且 0 是实部最大的特征值，$\boldsymbol{L}_0$ 的其他特征值都落在左半平面.

证明 若 $j=k$，则由定理 6.3.1 的证明可知

$$N(\boldsymbol{L}_0)=\operatorname{span}\{\boldsymbol{\Phi}_k\},\ N(\boldsymbol{L}_0^*)=\operatorname{span}\{\boldsymbol{\Phi}_k^*\}.$$

计算可得

$$(i\boldsymbol{\Phi}_k,\boldsymbol{\Phi}_k^*)_Y=1\neq 0,$$

由 Fredholm 选择公理可知 $i\boldsymbol{\Phi}_k\notin R(\boldsymbol{L}_0)$，因此 0 是 $\boldsymbol{L}_0$ 的 i- 单重特征值.

设 μ 是 $\boldsymbol{L}_0$ 的特征值，相应的特征向量为 $\phi(x)=\sum_{i=1}^{\infty}a_i\varphi_i$，$\psi(x)=\sum_{i=1}^{\infty}b_i\varphi_i$，则有

$$\sum_{i=1}^{\infty}\begin{pmatrix} f_0-d_1^{(k)}\lambda_i-\mu & f_1 \\ g_0 & g_1-d_2\lambda_i-\mu \end{pmatrix}\begin{pmatrix} a_i \\ b_i \end{pmatrix}\varphi_i=\mathbf{0},$$

从而 $\boldsymbol{L}_0$ 的特征值等价于下面特征方程的根.

$$\mu^2+P_i\mu+Q_i=0,\quad i=1,2,\cdots,$$

其中，

$$P_i=(d_1^{(k)}+d_2)\lambda_i-(f_0+g_1)>0,$$

$$Q_i=-d_1^{(k)}\lambda_i(g_1-d_2\lambda_i)+(\delta^2+k)(1+d_2\lambda_i).$$

显然，$Q_k=0$ 和 $Q_i>0$，$i\neq k$，因此，0 是实部最大的特征值，其他特征值在左半平面. □

引理 6.4.3 $\gamma'(0)>0$.

证明 对于式(6.4.1)中 $\boldsymbol{X}(\lambda)$ 运用同样的傅里叶展式可得

$$\sum_{i=1}^{\infty}\begin{pmatrix} f_0-(\lambda+d_1^{(k)})\lambda_i-\gamma(\lambda) & f_1 \\ g_0 & g_1-d_2\lambda_i-\gamma(\lambda) \end{pmatrix}\begin{pmatrix} a_i \\ b_i \end{pmatrix}\varphi_i=\mathbf{0}.$$

因为 $j=k$ 时 0 是 $\boldsymbol{L}_0$ 的 i- 单重特征值，所以当 $|d-d_1^{(k)}|\ll 1$ 或 $|\lambda-0|\ll 1$ 时，则 $\gamma(\lambda)$ 也是 $\boldsymbol{L}(\lambda)$ 的 i- 单重特征值，且当 $|\lambda-0|\ll 1$ 时 $|\boldsymbol{X}(\lambda)-\boldsymbol{\Phi}_k|\ll 1$. 因此有

$$
\begin{aligned}
&\gamma^2(\lambda)-[f_0-(\lambda+d_1^{(k)})\lambda_k+g_1-d_2\lambda_k]\gamma(\lambda)\\
&+[f_0-(\lambda+d_1^{(k)})\lambda_k](g_1-d_2\lambda_k)-f_1g_0=0.
\end{aligned}
\tag{6.4.2}
$$

对式(6.4.2)关于 λ 求导，并取 $\lambda=0$，根据条件(C)可得

$$
\gamma'(0)=-\frac{(g_1-d_2\lambda_k)\lambda_k}{f_0-d_1^{(k)}\lambda_k+g_1-d_2\lambda_k}>0.
$$

引理得证. □

引理 6.4.4　$\lambda'(0)=-\dfrac{b_j\delta(1+d_2\lambda_j)[1+2(d_2\lambda_j-g_1)]}{(g_1-d_2\lambda_j)^2\lambda_j}\displaystyle\int_0^l\varphi_j^3\mathrm{d}x.$

证明　将分歧解

$$
u_j(s)=s(\varphi_j+\phi_j(s)),\ v(s)=s(b_j\varphi_j+\psi_j(s))
$$

代入方程(6.3.1)的第一个方程，方程两边除以 s，并关于 s 在 $s=0$ 处求导，可得

$$
\begin{aligned}
&-\lambda'(0)\lambda_j\varphi_j+d_1^{(j)}\Delta\phi_j'(0)-(k+\delta^2)\phi_j'(0)-2\frac{\delta^2}{k+\delta^2}\psi_j'(0)\\
&-b_j\left(\frac{\delta}{k+\delta^2}b_j+2\delta\right)\varphi_j^2=0.
\end{aligned}
$$

上式乘以 φ_j 并在 $(0,l)$ 上积分得

$$
\begin{aligned}
&\lambda'(0)\lambda_j+\frac{1+g_1}{g_1-d_2\lambda_j}\int_0^l[(k+\delta^2)\phi_j'(0)+(g_1-d_2\lambda_j)\psi_j'(0)]\varphi_j\mathrm{d}x\\
&+\int_0^l b_j\left(\frac{\delta}{k+\delta^2}b_j+2\delta\right)\varphi_j^3\mathrm{d}x=0.
\end{aligned}
\tag{6.4.3}
$$

对于方程(6.3.1)的第二个方程进行同样的过程可得

$$
\begin{aligned}
&\int_0^l[(k+\delta^2)\phi_j'(0)+(g_1-d_2\lambda_j)\psi_j'(0)]\varphi_j\mathrm{d}x\\
&\qquad+\int_0^l b_j\left(\frac{\delta}{k+\delta^2}b_j+2\delta\right)\varphi_j^3\mathrm{d}x=0.
\end{aligned}
\tag{6.4.4}
$$

由式(6.4.3)和式(6.4.4)可得

$$
\lambda'(0)=-\frac{b_j\delta(1+d_2\lambda_j)[1+2(d_2\lambda_j-g_1)]}{(g_1-d_2\lambda_j)^2\lambda_j}\int_0^l\varphi_j^3\mathrm{d}x.
$$

引理得证. □

现在给出定理 6.4.2 的证明.

证明 当 $j=k$ 且 k 为奇数时，$\int_0^l \varphi_k^3 \mathrm{d}x>0$. 从而当 $1+2(d_2\lambda_k-g_1)>0$ 时，由引理 6.4.4 知 $\lambda'(0)>0$，所以 $|s-0|<\delta$ 时 $\lambda'(s)>0$. 因此根据引理 6.4.1，结合引理 6.4.2～6.4.4 知，当 $-\delta<s<0$ 时有 $\eta(s)>0$，而当 $0<s<\delta$ 时有 $\eta(s)<0$，所以分歧解在 $-\delta<s<0$ 上是不稳定的，而在 $0<s<\delta$ 上是稳定的. 同理，对于情况 $1+2(d_2\lambda_k-g_1)<0$ 有类似的推理. 定理得证.

6.5 数值模拟

本节运用数值模拟刻画理论分析结果. 数值分析运用 Crank-Nicolson 隐格式进行描述初边值问题(6.1.1)～(6.1.3). 令 $\bar{x}=x/l$，则空间区间由 $0<x<l$ 变换为 $0<\bar{x}<1$，数值模拟中仍用 x 表示 $\bar{x}$.

正如 6.2 节线性理论所刻画的，对于初边值问题(6.1.1)～(6.1.3)的常数解 $(\frac{\delta}{k+\delta^2},\delta)$ 变为不稳定，值 $d_{1\min}$ 是必备的. 据此，以图 6.1 作为参考依据对参数进行取值，取参数 $k=0.1,\delta=3,d_2=0.06,l=1$，这使得 $d_{1\min}=d_1^{(1)}=3.8047$，则只有 λ_1 模式可能不稳定. 当取 $d_1=4>d_{1\min}$ 时，则正如 6.3 节的结果，一个稳定的空间结构形成，其结构决定于 $\varphi_1(x)$，见图 6.4. 图 6.5 的参数取值同图 6.4，其目的在于对比 U 和 V. 不难发现，当浓度 V 为最大值时浓度 U 达到最小值. 从生物学角度，激活剂 V 的最大值导致基质 U 的最大消耗，从而使得基质达到最小值.

取 $k=0.1$，$\delta=3$，$l=6$，$d_2=\dfrac{\sqrt{(\lambda_5+\lambda_6)^2+4g_1\lambda_5\lambda_6}-(\lambda_5+\lambda_6)}{2\lambda_5\lambda_6}=0.0448$，则 $d_{1\min}=d_1^{(5)}=d_1^{(6)}=2.7547$. 取 $d_1=2.7550$，则由 6.3 节知，初边值问题(6.1.1)～(6.1.3)存在双重分歧解，其涉及两模式 $\varphi_5(x)$ 和 $\varphi_6(x)$ 的耦合，如图 6.6 和图 6.7 所示.

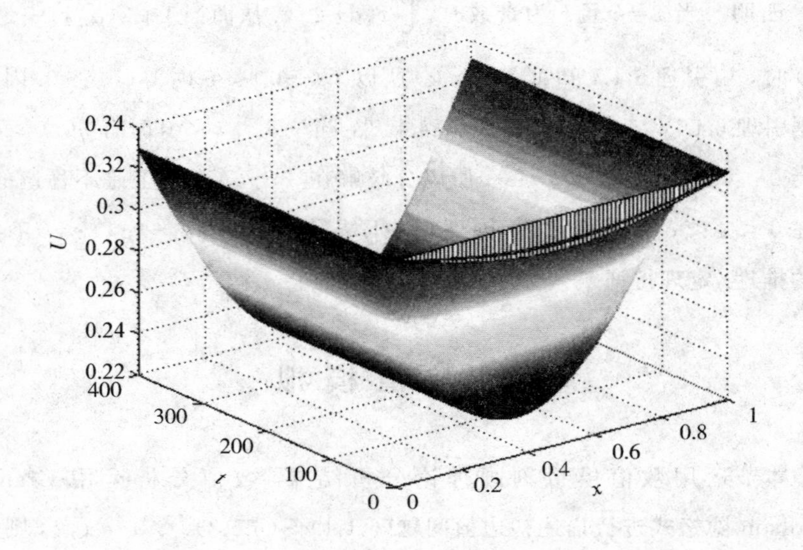

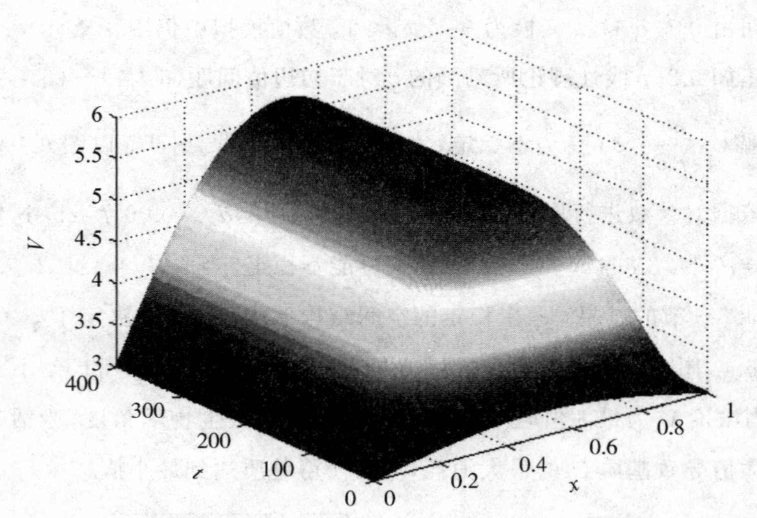

图 6.4　初边值问题(6.1.1)～(6.1.3)的单重分歧平衡解

注:参数取值为 $k = 0.1, \delta = 3, d_2 = 0.06, l = 1$ 和 $d_1 = 4$.

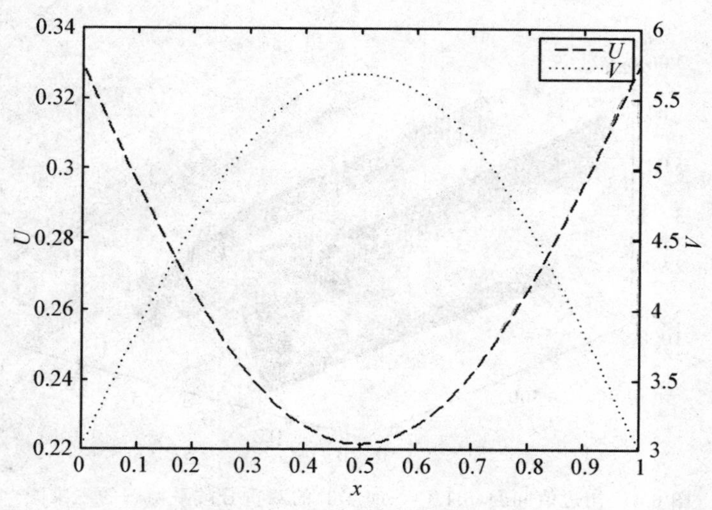

图 6.5 初边值问题(6.1.1)～(6.1.3)的平衡解 U 和 V 的对比

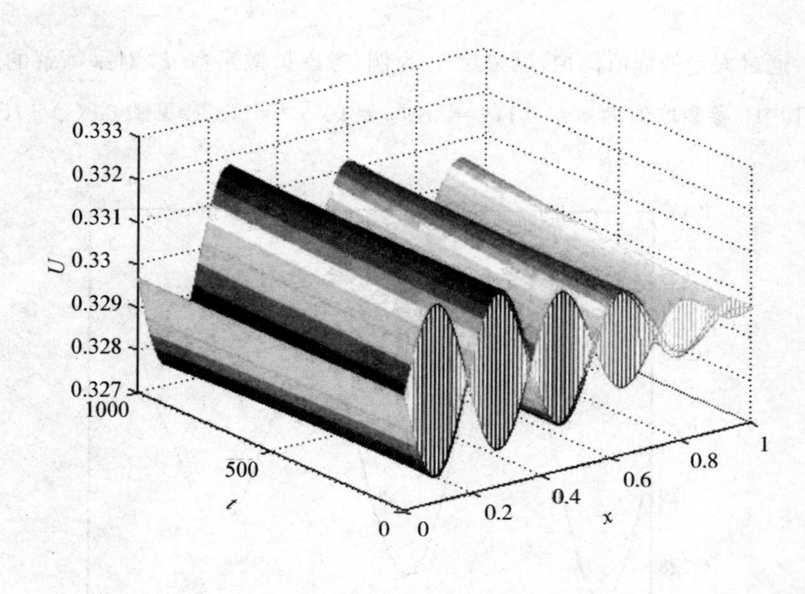

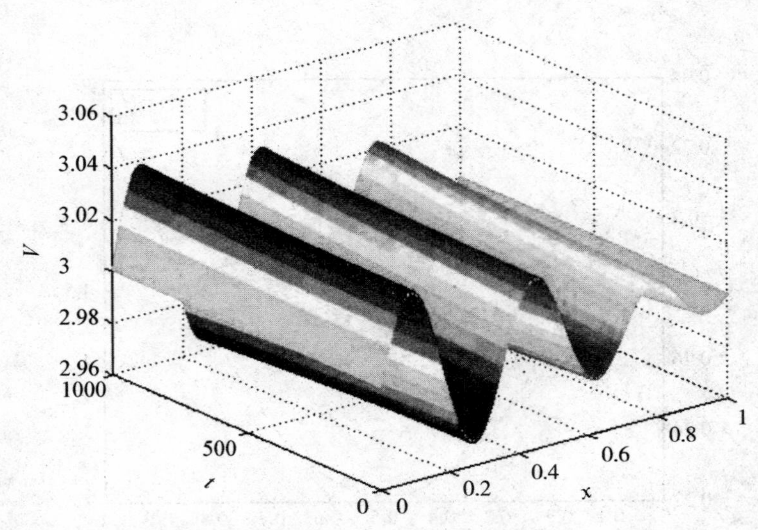

图 6.6　初边值问题(6.1.1)～(6.1.3)的双重分歧平衡解的三维图

注：参数取值为 $k = 0.1$，$\delta = 3$，$l = 6$，$d_2 = 0.0448$，$d_1 = 2.7550$ 使得 $d_{1\min} = d_1^{(5)} = d_1^{(6)} = 2.7547$.

通过大量的数值模拟，以浓度 V 为例，考虑扩散系数 d_1 对平衡解的影响，其中，参数取值为 $k = 0.1, \delta = 3, d_2 = 0.06, l = 6$，参见图 6.8(a)～(c)，

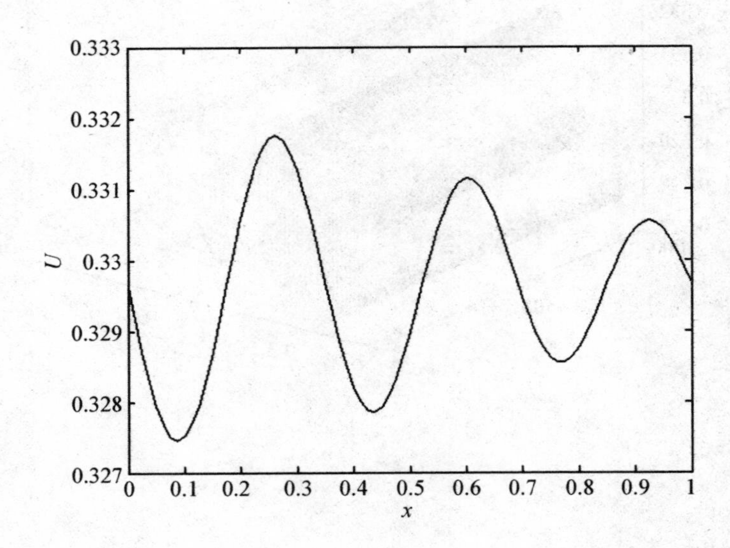

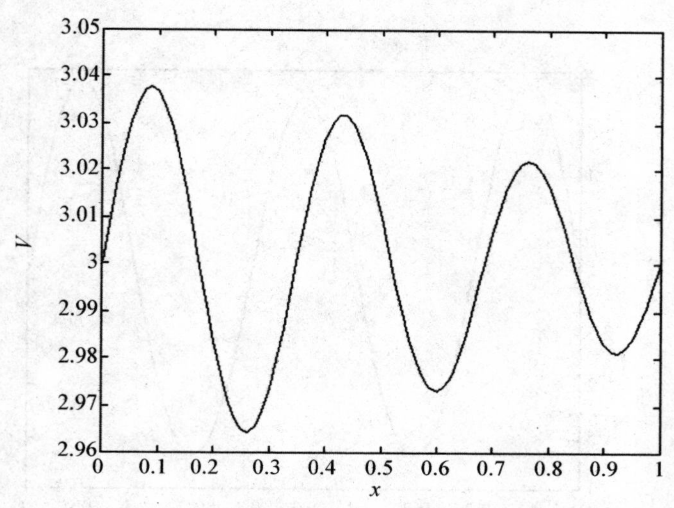

图 6.7 初边值问题(6.1.1)～(6.1.3)的双重分歧平衡解的二维图

注:参数取值为 $k=0.1$, $\delta=3$, $l=6$, $d_2=0.0448$, $d_1=2.7550$ 使得 $d_{1\min}=d_1^{(5)}=d_1^{(6)}=2.7547$.

说明 λ_5 模式是最不稳定的模式, V 的浓度最大值(最小值)随着 d_1 的增加变得更大(小). 当 d_1 继续增加,主模式改变,转折点逐渐减少而浓度逐渐增加,见图 6.8(d)～(f).

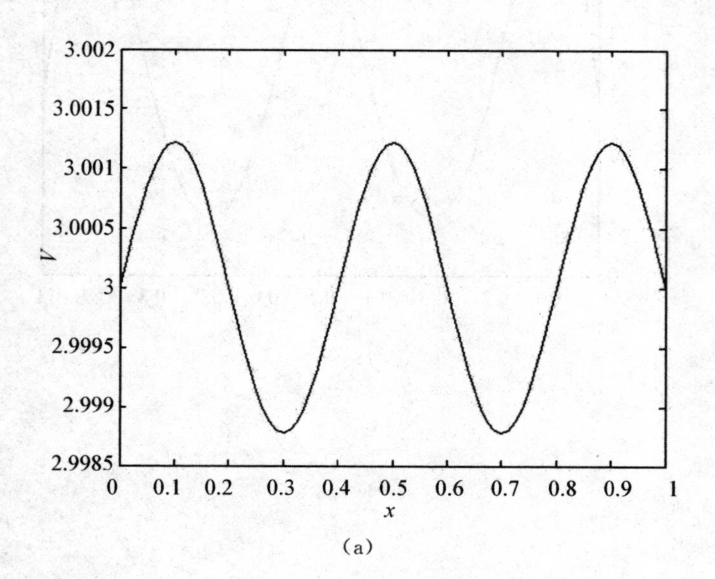

(a)

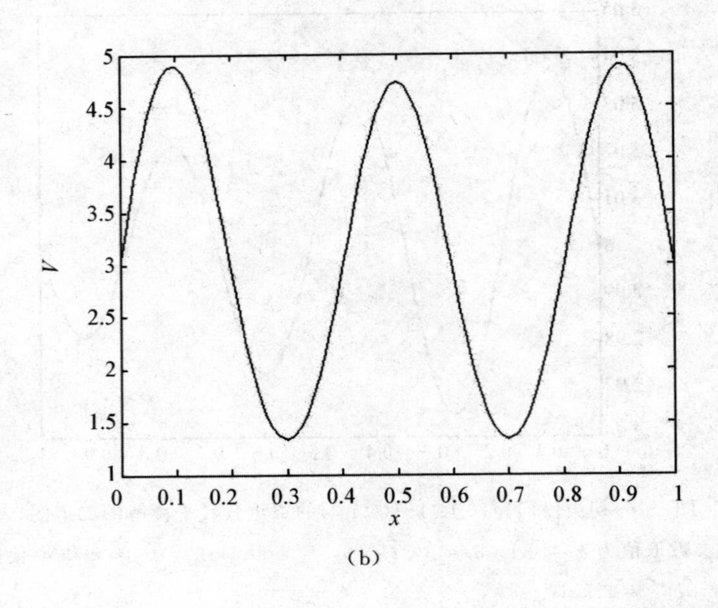
5
4.5
4
3.5
3
2.5
2
1.5
1
V
0
0.1
0.2
0.3
0.4
0.5
0.6
0.7
0.8
0.9
1
x

(b)

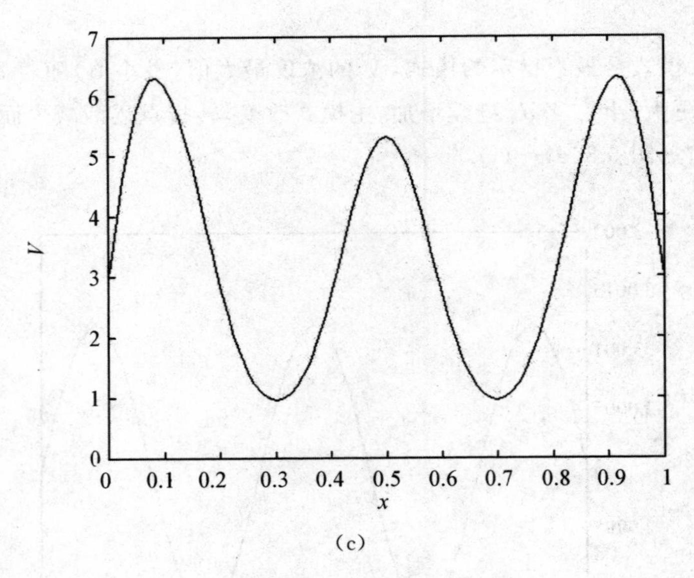
7
6
5
4
3
2
1
0
V
0
0.1
0.2
0.3
0.4
0.5
0.6
0.7
0.8
0.9
1
x

(c)

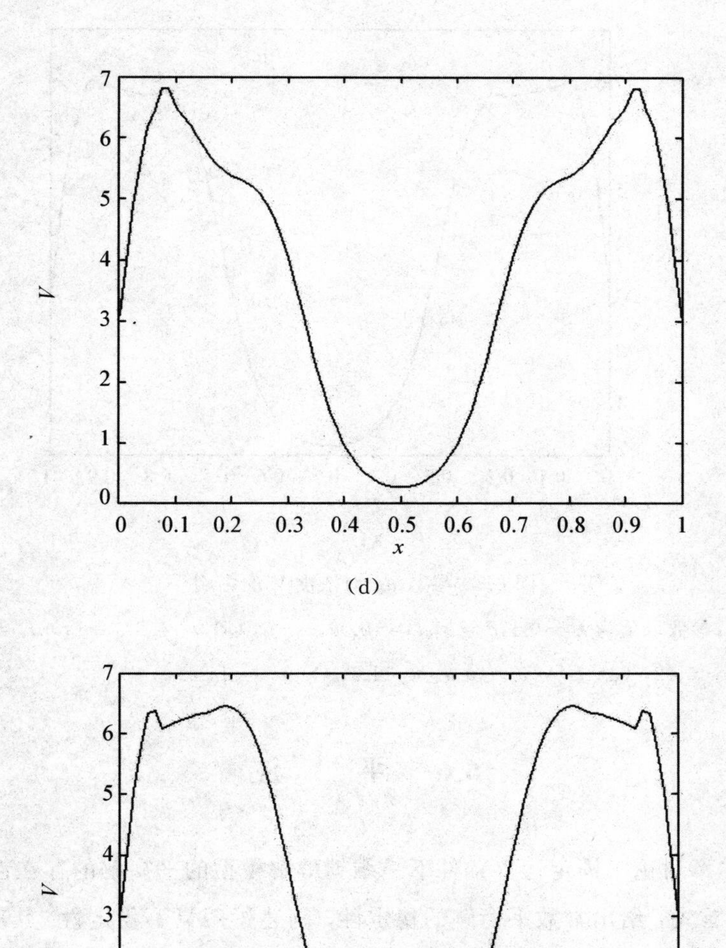
V
0
1
2
3
4
5
6
7
0 0.1 0.2 0.3 0.4 0.5 0.6 0.7 0.8 0.9 1
x

(d)

V
0
1
2
3
4
5
6
7
0 0.1 0.2 0.3 0.4 0.5 0.6 0.7 0.8 0.9 1
x

(e)

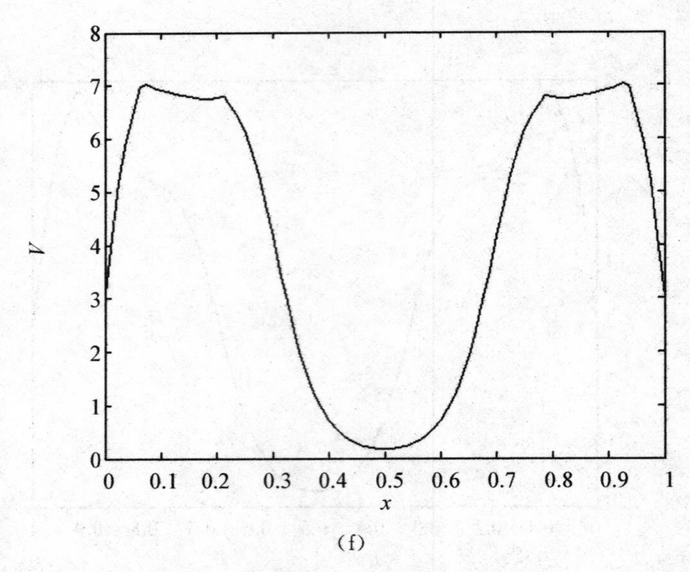

(f)

图 6.8　参数 d_1 对浓度 V 的影响

注：参数取值为 $k=0.1, \delta=3, d_2=0.06, l=6$，(a) $d_1=3.31$，(b) $d_1=4.26$，(c) $d_1=5.52$，(d) $d_1=9$，(e) $d_1=11.2$，(f) $d_1=14.2$.

6.6　评　注

本章讨论了固定边界条件下一维糖酵解模型的平衡解的存在性和稳定性. 首先，给出常数平衡解的稳定性，阐述了图灵不稳定性. 其次，运用局部分歧理论和全局分歧理论讨论糖酵解模型(6.1.1)～(6.1.3)的单重分歧解的存在性，利用李亚普诺夫-施密特约化过程和奇异性理论分析了双重分歧解的存在性，说明了双重分歧解的结构由两个特征函数耦合形成. 再次，运用稳定性理论分析单重分歧解和双重分歧解的稳定性，对于第一双重分歧解的稳定性是亟待解决的问题. 最后，数值模拟证实并补充了理论结果，解释了双重分歧解的结构，并说明了扩散系数对于糖酵解模型的平衡解的影响. 这部分工作摘自魏美华和吴建华 2015 年发表的论文[146].

第7章 附　　录

A 基本记号

$\mathbb{R}^n$:n 维 Euclid 空间.

$\mathbb{R}^n_+=\{x\in\mathbb{R}^n:x_i>0,i=1,2,\cdots,n\}$.

Ω:$\mathbb{R}^n$ 中的连通开集.

$\partial\Omega$:　Ω 的边界.

$\overline{\Omega}=\Omega\cup\partial\Omega$.

$D(A)$:算子 A 的定义域.

$R(A)$:算子 A 的值域.

$N(A)$:算子 A 的核.

$\mathbf{M}^{\mathrm{T}}$:矩阵 $\mathbf{M}$ 的转置.

$\mathbf{M}^{-1}$:矩阵 $\mathbf{M}$ 的逆.

$\mathbf{M}^{*}$:矩阵 $\mathbf{M}$ 的共轭转置.

$\det\mathbf{M}$:矩阵 $\mathbf{M}$ 的行列式.

$\mathrm{tr}\mathbf{M}$:矩阵 $\mathbf{M}$ 的迹.

$$D^{\alpha}u=\frac{\partial^{\alpha_1+\alpha_2+\cdots\alpha_n}u}{\partial x_1^{\alpha_1}\partial x_2^{\alpha_2}\cdots\partial x_n^{\alpha_n}},\ |\alpha|=\sum_{i=1}^{n}\alpha_i.$$

$\nabla u=\mathrm{grad}u=(u_{x_1},u_{x_2},\cdots,u_{x_n})$.

$$\Delta u=\sum_{i=1}^{n}u_{x_ix_i}.$$

$\partial_\nu u$：沿向量 ν 的方向导数.

$C^k(\Omega)$：　Ω 上所有具有连续的偏导数 $D^\alpha u(|\alpha|\leqslant k)$的函数 u 构成的集合(k 为自然数或∞).

$C^k(\overline{\Omega})$：　$C^k(\Omega)$ 中偏导数 $D^\alpha u(|\alpha|\leqslant k)$在 Ω 上有界和一致连续函数 u 构成的集合.

$C_0^\infty(\Omega)=\{f: f\in C^\infty(\Omega)$,且 $\operatorname{supp} f \subset\subset \Omega\}$.

$L^p(\Omega)=\{u$：u 在 Ω 上可测且 $\int_\Omega |u|^p \mathrm{d}x<\infty\}$，$1\leqslant p<\infty$.

$L^\infty(\Omega)=\{u$：u 在 Ω 上可测且 $\operatorname{ess}\sup\limits_{x\in\Omega}|u|<\infty\}$.

$W^{k,p}(\Omega)=\{u: u\in L^p(\Omega), D^l u\in L^p(\Omega), \forall\, |l|\leqslant k\}$. 为 Sobolev 空间.

$W_0^{k,p}(\Omega)$：$C_0^\infty(\Omega)$ 关于空间 $W^{k,p}(\Omega)$ 范数的完备化空间.

$H^k(\Omega)=W^{k,2}(\Omega)$，$H_0^k(\Omega)=W_0^{k,2}(\Omega)$.

$\operatorname{span}\{\boldsymbol{\alpha}\}$：由向量 $\boldsymbol{\alpha}$ 生成的空间.

$\dim A$：空间 A 的维数.

$\operatorname{codim} A$：空间 A 的余维数.

$\operatorname{index}(f,W,x_0)$：$f(x)$ 在 W 上零点 x_0 的指标.

$\deg(f,W,p)$：$f(x)=p$ 在 W 上的度.

$\sigma(A)$：算子 A 的谱半径.

B　分歧理论和奇异性理论

B.1　分歧理论

定理 B.1.1[1],[147]　设 X,Y 是 Banach 空间，$U=S\times V$ 是 $\mathbb{R}\times X$ 的开子集，$f\in C^2(U,Y)$. 假设对任意的 $\lambda\in\mathbb{R}$，方程 $f(\lambda,u)=0$ 满足 $f(\lambda,0)=0$. 记

$$L_0=D_2 f(\lambda_0,0)\,,\quad L_1=D_1 D_2 f(\lambda_0,0)\,.$$

若下列条件成立：

(i) $N(L_0)=\text{span}\{u_0\}$，

(ii) $\text{codim}R(L_0)=\dim(Y/R(L_0))=1$，

(iii) $L_1u_0\notin R(L_0)$，

则存在 $\delta>0$ 和 C^1 连续曲线 $(\lambda,\phi):(-\delta,\delta)\to\mathbb{R}\times Z$，使得对于任意 $|s|<\delta$ 有 $f(\lambda(s),s(u_0+\phi(s)))=0$，且 $\lambda(0)=\lambda_0,\phi(0)=0$，其中，$Z$ 是 X 的一个闭子集，满足 $X=\text{span}\{u_0\}\oplus Z$. 而且，存在 $(\lambda_0,0)$ 的邻域，使得 f 的任一个零点或者在这条曲线上，或者具有形式 $(\lambda,0)$.

令 $T:\mathbb{R}\times X\to X$ 是一个连续可微的紧算子，并且使得 $T(b,0)=0$，设

$$T(b,u)=K(b)u+R(b,u),$$

其中，$K(b)$ 是一个线性紧算子，并且 Fréchet 导数 $R_u(b,0)=0$. 若 x_0 是算子 T 的一个孤立不动点，则可定义 T 在 x_0 处的指标为 $\text{index}(T,x_0)=\deg(I-T,B,x_0)$，这里，$B$ 是以 x_0 为球心的一个球，且 x_0 是 T 在 B 中的唯一不动点. 如果 x_0 是 T 的不动点，且 $I-T'(x_0)$ 可逆，则 x_0 是 T 的孤立不动点，且

$$\text{index}(T,x_0)=\text{index}(I-K(b),0)=(-1)^p,$$

其中，p 是算子 $K(b)$ 所有大于 1 的特征值的代数重数之和(参见文献[148]). 以 b 为分歧参数，考察方程 $u=T(b,u)$ 的分歧解，有如下全局分歧定理.

定理 B.1.2[105] 若存在 $\varepsilon>0$，满足 $I-K(b)$ 在 $0<|b-b_0|<\varepsilon$ 上可逆，且 $\text{index}(T(b,\cdot),0)$ 在 $(b_0-\varepsilon,b_0)$ 和 $(b_0,b_0+\varepsilon)$ 上均为常数，但 $\text{index}(T(b,\cdot),0)\neq\text{index}(T(b_2,\cdot),0)$，其中，$b_0-\varepsilon<b_1<b_0<b_2<b_0+\varepsilon$，那么在 $b-u$ 平面内存在一个连通分支 C 使得 C 上每一点满足 $u=T(b,u)$，且下面结论有且只有一个成立：

(i) C 连接 $(b_0,0)$ 和 $(\hat{b},0)$，其中，$I-K(\hat{b})$ 不可逆，且 $\hat{b}\neq b_0$；

(ii) C 在 $\mathbb{R}\times X$ 内从 $(b_0,0)$ 延伸到无穷.

设映射 $F:X\times\mathbb{R}\to Y$ 给出的动态方程为

$$\dot{u}=F(u,\lambda). \tag{B.1.1}$$

定义 B.1.1[2] 若 u_0 是系统(B.1.1)的平衡点，对于任给 $\varepsilon>0$，存在 $\delta>0$，使得对于系统(B.1.1)满足 $\|u(0)-u_0\|<\delta$ 的任何解 $u(t)$，有任意 $t>0$，$\|u(t)-u_0\|<\varepsilon$，则称 u_0 为(在李雅普诺夫意义下)稳定的；否则，u_0 是不稳定的.

定理 B.1.3[1] 若 u_0 是系统(B.1.1)的平衡点，且 $D_1F(u_0,\lambda)$ 的特征值的实部为负，则 u_0 是渐近稳定的. 若 $D_1F(u_0,\lambda)$ 存在一个实部为正的特征值，则 u_0 是不稳定的.

定义 B.1.2[1] 设 X,Y 是 Banach 空间，$B(X,Y)$ 为 X 到 Y 的有界线性算子全体，$L_0,K\in B(X,Y)$，$\mu\in\mathbb{C}$ 为 L_0 的特征值，对应的特征函数为 u_0，若满足

(i) $\dim N(L_0-\mu K)=\operatorname{codim} R(L_0-\mu K)=1$，

(ii) $N(L_0-\mu K)=\operatorname{span}\{u_0\}$，

(iii) $Ku_0\notin R(L_0-\mu K)$，

则称 μ 为 L_0 的 K- 单重特征值.

定理 B.1.4[1] 设 μ_0 是 L_0 的 K- 单重特征值，相应的特征函数为 u_0，则存在 $\rho>0$，使得当 $\|L-L_0\|<\rho$ 时，L 存在唯一的 K- 单重特征值 $\eta(L)$，其相应的特征函数是 $w(L)=u_0+z(L)$，这里，$X=\operatorname{span}\{u_0\}\oplus Z$，$z(L)\in Z$. 而且，$\eta(L_0)=\mu_0$，$w(L_0)=u_0$，映射 $L\to(\eta(L),w(L))$ 是光滑的.

定理 B.1.5[1] 若定理 B.1.1 的假设成立，设 $X\subset Y$，包含映射 $i:X\to Y$ 是连续的，且 0 是 $L_0=D_2f(\lambda_0,0)$ 的 i- 单重特征值，则存在分别定义在 λ_0 和 0 邻域内的函数：

$$\lambda\to(\gamma(\lambda),\ v(\lambda))\subset\mathbb{R}\times X,\quad s\to(\eta(s),\ w(s))\subset\mathbb{R}\times X,$$

使得 $(\gamma(\lambda_0),v(\lambda_0))=(0,u_0)=(\eta(0),w(0))$，$v(\lambda)-u_0\in Z$，$w(s)-u_0\in Z$，而且

$$D_2f(\lambda,0)v(\lambda)=\gamma(\lambda)v(\lambda),\qquad |\lambda-\lambda_0|\ll 1,$$

$$D_2f(\lambda(s),u(s)w(s))=\eta(s)w(s),\qquad |s|\ll 1.$$

若 $\gamma'(\lambda_0) \neq 0$，且 $\eta(s) \neq 0$，$|s| \ll 1$，则

$$\lim_{s \to 0} \frac{s\lambda'(s)\gamma'(\lambda_0)}{\eta(s)} = -1.$$

B.2 奇异性理论

李亚普诺夫-施密特约化方法是将高维或无限维非线性方程化为低维方程的降维方法. 其主要思想是通过空间分解方法，把非线性方程分别投影到两个子空间上，相应得到两个方程，由隐函数定理可知其中的一个方程是唯一可解的，进而把这个解代入另一个方程，得到一个较低维的方程，做到将原来的方程求解问题简化. 具体的李亚普诺夫-施密特约化过程参见文献[106].

在分歧问题中，为了深入分析非线性动力系统的拓扑结构和稳定性变化规律，必须使用现代数学方法和计算手段，其中奇异性理论是现代数学的一个重要分支，是研究分歧的一个主要方法. 奇异性理论始于 20 世纪 60 年代，80 年代以来，Golubitsky 等把奇异性理论系统地运用于分歧研究，取得了显著的成果. 奇异性理论不仅用于静态分歧，而且可以处理 Hopf 分歧，它更有效的作用体现在可以处理一些退化的情况，例如经典的分歧理论的条件不满足的情况. 它是研究平衡点分歧的统一而有效的方法，特别适合与李亚普诺夫-施密特方法相配合去研究静态分歧问题.

设平衡解系统为

$$F(u,\lambda) = 0, \tag{B.1.2}$$

其满足 $F(0,0)=0$. 记导算子 $D_u F(0,0) = L_0$. 若导算子 L_0 的特征值中，除了一个零特征值外，其余的特征值的实部都小于 0，这时 $N(L_0)$ 和 $(R(L_0))^{\perp}$ 都为一维的，分别取相应的基向量为 $\boldsymbol{v}_0$ 和 $\boldsymbol{v}_0^*$，且满足 $\langle \boldsymbol{v}_0, \boldsymbol{v}_0^* \rangle > 0$. 通过李亚普诺夫-施密特约化方法，得到一维的约化代数方程

$$g(s,\lambda) = 0. \tag{B.1.3}$$

由于 L_0 有零特征值，从而在(0,0)处会发生静态分歧.若 $\lambda \neq 0$ 时，系统(B.1.2)有 m 个解 $(u_i(\lambda),\lambda)(i=1,2,\cdots,m)$，则它们分别对应于约化方程(B.1.3)的解 $(s_i(\lambda),\lambda)$. 从而系统(B.1.1)满足上述这些条件的分歧解具有以下稳定性定理.

定理 B.2.1[106] 若 $g_s(s_i(\lambda),\lambda)<0$，则 $(u_i(\lambda),\lambda)$ 是(在李雅普诺夫意义下)渐近稳定的;若 $g_s(s_i(\lambda),\lambda)>0$，则 $(u_i(\lambda),\lambda)$ 是不稳定的.

定义 B.2.1[106] 设 $g,h:\mathbb{R}\times\mathbb{R}\to\mathbb{R}$ 是 $(0,0)$ 附近的光滑函数，分别满足 $g(0,0)=0,g_s(0,0)=0$ 和 $h(0,0)=0,h_s(0,0)=0$. 如果在 $(0,0)$ 的某邻域内存在光滑函数 $\Lambda(\lambda)$，$\Psi(s,\lambda)$ 和 $S(s,\lambda)$，使得

$$g(s,\lambda)=S(s,\lambda)h(\Psi(s,\lambda),\Lambda(\lambda))$$

成立，且有 $\Lambda(0)=0,\Psi(0,0)=0,\Lambda'(0)>0,\Psi_s(0,0)>0,S(0,0)>0$，则称 g 和 h 等价. 若取 $\Lambda(\lambda)\equiv\lambda$，则称 g 和 h 强等价.

定义 B.2.2[106] 设 $g,h:\mathbb{R}^2\times\mathbb{R}\to\mathbb{R}^2$ 是 $(\mathbf{0},0)$ 附近的光滑函数，分别满足 $\boldsymbol{g}(\mathbf{0},0)=\mathbf{0}$，$(\mathrm{d}\boldsymbol{g})_{(\mathbf{0},0)}=\mathbf{0}$ 和 $\boldsymbol{h}(\mathbf{0},0)=\mathbf{0}$，$(\mathrm{d}\boldsymbol{h})_{(\mathbf{0},0)}=\mathbf{0}$. 如果在 $(\mathbf{0},0)$ 的某邻域内存在光滑函数 $(\boldsymbol{z},\lambda)\to(\boldsymbol{\Psi}(\boldsymbol{z},\lambda),\Lambda(\lambda))$ 以及 2×2 可逆矩阵 $\boldsymbol{S}(\boldsymbol{z},\lambda)$，使得

$$\boldsymbol{g}(\boldsymbol{z},\lambda)=\boldsymbol{S}(\boldsymbol{z},\lambda)\boldsymbol{h}(\boldsymbol{\Psi}(\boldsymbol{z},\lambda),\Lambda(\lambda))$$

成立，且有 $\Lambda(0)=0,\boldsymbol{\Psi}(\mathbf{0},0)=\mathbf{0},\Lambda'(0)>0$ 和 $\det(\mathrm{d}\boldsymbol{\Psi})_{(\mathbf{0},0)}\neq0$，则称 g 和 h 等价. 若 $\Lambda(\lambda)\equiv\lambda$，则称 g 和 h 强等价.

注 B.2.1 若 g 和 h 等价，则在原点附近有相同的分岔特性，例如 $g(s,\lambda)=0$ 和 $h(s,\lambda)=0$ 在原点附近解的数目有对应关系 $n_g(\lambda)=n_h(\Lambda(\lambda))$，且对应的平衡态解有相同的稳定性.

参考文献

[1]Smoller J. Shock Waves and Reaction-Diffusion Equations[M]. New York：Springer，1983.

[2]叶其孝,李正元. 反应扩散方程引论[M]. 北京：科学出版社,1994.

[3]Levenspiel O. Chemical Reaction Engineering[M]. New York：Wiley，1972.

[4]Ingwall J S，Weiss R G. Is the failing heart energy starved? On using chemical energy to support cardiac function[J]. Circ. Res.，2004，95(2)：135-145.

[5]Warburg O. On the origin of cancer cells[J]. Science，1956，123(3191)：309-314.

[6]Archetti M. Evolutionary dynamics of the Warburg effect：Glycolysis as a collective action problem among cancer cells[J]. J. Theor. Biol.，2014，341：1-8.

[7]Lu J，Tan M，Cai Q. The Warburg effect in tumor progression：Mitochondrial oxidative metabolism as an anti-metastasis mechanism[J]. Cancer Lett.，2015，356(2)：156-164.

[8]Higgins J. A chemical mechanism for oscillations of glycolytic intermediates in yeast cells[J]. Proc. Natl. Acad. Sci. USA，1964，51(6)：989-994.

[9]Bhargava S C. On the higgins model of glycolysis[J]. Bull. Math.

Biol., 1980, 42(6): 829-836.

[10] Ibanez J L, Fairén V, Velarde M G. Limit cycle and dissipative structures in a sample bimolecular nonequilibrium reactional scheme with enzyme[J]. Phys. Lett. A, 1976, 58(6): 364-366.

[11] Ibanez J L, Velarde M G. Multiple steady states in a simple reaction-diffusion model with Michaelis-Menten (first-order Hinshelwood-Langmuir) saturation law: The limit of large separation in the two diffusion constants[J]. J. Math. Phys., 1978, 19(1): 151-156.

[12] Zhou J. Spatiotemporal pattern formation of a diffusive bimolecular model with autocatalysis and saturation law[J]. Comput. Math. Appl., 2013, 66(10): 2003-2018.

[13] Sel'kov E E. Self-oscillations in glycolysis[J]. Eur. J. Biochem., 1968, 4(1): 79-86.

[14] Tyson J, Kauffman S. Control of mitosis by a continuous biochemical oscillation: Synchronization; spatially inhomogeneous oscillations[J]. J. Math. Biol., 1975, 1(4): 289-310.

[15] Finlayson A B, Merkin J H. Travelling waves in an ionic quadratic autocatalytic chemical system[J]. Math. Comput. Modelling, 1999, 29(5): 89-112.

[16] Kay S R, Scott S K, Tomlin A S. Quadratic autocatalysis in a non-isothermal CSTR[J]. Chem. Eng. Sci., 1989, 44(5): 1129-1137.

[17] Merkin J H, Needham D J. Propagating reaction-diffusion waves in a simple isothermal quadratic autocatalytic chemical system[J]. J. Engrg. Math., 1989, 23(4): 343-356.

[18] Hosono Y. Phase plane analysis of travelling waves for higher order autocatalytic reaction-diffusion systems[J]. Discrete Contin. Dyn. Syst. Ser. B, 2007, 8(1): 115-125.

[19]Leach J A, Wei J. Pattern formation in a simple chemical system with general orders of autocatalysis and decay. I. Stability analysis[J]. Phys. D, 2003, 180(3-4): 185-209.

[20]Hubbard M E, Leach J A, Wei J. Pattern formation in a 2D simple chemical system with general orders of autocatalysis and decay[J]. IMA J. Appl. Math., 2005, 70(6): 723-747.

[21]Zhang L, Liu S Y. Bifurcation and pattern formation in a coupled higher autocatalator reaction diffusion system[J]. Appl. Math. Mech. (English Ed.), 2007, 28(9): 1235-1248.

[22]Ghergu M. Non-constant steady-state solutions for Brusselator type systems[J]. Nonlinearity, 2008, 21(10): 2331-2345.

[23]Guo G H, Li B F, Wei M H, Wu J H. Hopf bifurcation and steady-state bifurcation for an autocatalysis reaction-diffusion model[J]. J. Math. Anal. Appl., 2012, 391(1): 265-277.

[24] Prigogine I, Lefever R. Symmetry-breaking instabilities in dissipative systems. II[J]. J. Chem. Phys., 1968, 48(4): 1695-1700.

[25] Gray P, Scott S K. Autocatalytic reactions in the isothermal continuous stirred tank reactor: Isolas and other forms of multistability[J]. Chem. Eng. Sci., 1983, 38(1): 29-43.

[26]Gray P, Scott S K. Sustained oscillations and other exotic patterns of behavior in isothermal reactions[J]. J. Phys. Chem., 1985, 89(1): 22-32.

[27]Gray P, Scott S K. Chemical Waves and Instabilities[M]. Oxford: Clarendon, 1990.

[28] Gierer A, Meinhardt H. A theory of biological pattern formation[J]. Kybernetik, 1972, 12(1): 30-39.

[29] Higgins J. The theory of oscillating reactions-kinetics

symposium[J]. Ind. Eng. Chem., 1967, 59(5): 18-62.

[30] Al-Ghoul M, Eu B C. Hyperbolic reaction-diffusion equations, patterns and phase speeds for the Brusselator[J]. J. Phys. Chem., 1996, 100(49): 18900-18910.

[31] Erneux T, Reiss E L. Brusselator isolas[J]. SIAM J. Appl. Math., 1983, 43(6): 1240-1246.

[32] Lefever R, Nicolis G. Chemical instabilities and sustained oscillations[J]. J. Theor. Biol., 1971, 30(2): 267-284.

[33] Peña B, Pérez-García C. Stability of Turing patterns in the Brusselator model[J]. Phys. Rev. E, 2001, 64(5): 056213.

[34] Yang L, Dolnik M, Zhabotinsky A M, Epstein I R. Pattern formation arising from interactions between Turing and wave instabilities[J]. J. Chem. Phys., 2002, 117(15): 7259-7265.

[35] Brown K J, Davidson F A. Global bifurcation in the Brusselator system[J]. Nonlinear Anal., 1995, 24(12): 1713-1725.

[36] Peng R, Wang M X. Pattern formation in the Brusselator system[J]. J. Math. Anal. Appl., 2005, 309(1): 151-166.

[37] Kolokolnikov T, Erneux T, Wei J. Mesa-type patterns in the one-dimensional Brusselator and their stability[J]. Phys. D, 2006, 214(1): 63-77.

[38] You Y C. Global dynamics of the Brusselator equations[J]. Dyn. Partial Differ. Equ., 2007, 4(2): 167-196.

[39] Gray P, Scott S K. Autocatalytic reactions in the isothermal, continuous stirred tank reactor. Oscillations and instabilities in the system $A+2B\rightarrow 3B$; $B\rightarrow C$[J]. Chem. Eng. Sci., 1984, 39(6): 1087-1097.

[40] Nishiura Y. Global structure of bifurcating solutions of some reaction-diffusion systems[J]. SIAM J. Math. Anal., 1982, 13(4):

555-593.

[41]Doelman A, Gardner R A, Kaper T J. Stability analysis of singular patterns in the 1D Gray-Scott model: a matched asymptotics approach[J]. Phys. D, 1998, 122(1-4): 1-36.

[42]Muratov C B, Osipov V V. Stability of the static spike autosolitons in the Gray-Scott model[J]. SIAM J. Appl. Math., 2002, 62(5): 1463-1487.

[43]Wei J. Existence, stability and metastability of point condensation patterns generated by Gray-Scott system[J]. Nonlinearity, 1999, 12(3): 593-616.

[44]Wei J. Pattern formations in two-dimensional Gray-Scott model: existence of single-spot solutions and their stability[J]. Phys. D, 2001, 148(1-2): 20-48.

[45]Wei J, Winter M. Asymmetric spotty patterns for the Gray-Scott model in $\mathbb{R}^2$[J]. Stud. Appl. Math., 2003, 110(1): 63-102.

[46]Wang Z G. Uniqueness and stability for positive solutions of a reaction-diffusion model with autocatalysis[J]. J. Biomath., 2011, 26(2): 193-210.

[47]Kolokolnikov T, Ward M J, Wei J. The existence and stability of spike equilibria in the one-dimensional Gray-Scott model: The low-feed regime[J]. Stud. Appl. Math., 2005, 115(1): 21-71.

[48]Kolokolnikov T, Ward M J, Wei J. The existence and stability of spike equilibria in the one-dimensional Gray-Scott model: The pulse-splitting regime[J]. Phys. D, 2005, 202(3-4): 258-293.

[49]Wang Y E, Wu J H. Stability of positive constant steady states and their bifurcation in a biological depletion model [J]. Discrete Contin. Dyn. Syst. Ser. B, 2011, 15(3): 849-865.

[50]Schnakenberg J. Simple chemical reaction systems with limit cycle

behaviour[J]. J. Theor. Biol., 1979, 81(3): 389-400.

[51] Hale J K, Peletier L A, Troy W C. Exact homoclinic and heteroclinic solutions of the Gray-Scott model for autocatalysis[J]. SIAM J. Appl. Math., 2000, 61(1): 102-130.

[52]Ward M J, Wei J. The existence and stability of asymmetric spike patterns for the Schnakenberg model[J]. Stud. Appl. Math., 2002, 109(3): 229-264.

[53]Iron D, Wei J, Winter M. Stability analysis of Turing patterns generated by the Schnakenberg model[J]. J. Math. Biol., 2004, 49(4): 358-390.

[54] Madzvamuse A. Time-stepping schemes for moving grid finite elements applied to reaction-diffusion systems on fixed and growing domains[J]. J. Comput. Phys., 2006, 214(1): 239-263.

[55]Flach E H, Schnell S, Norbury J. Turing pattern outside of the Turing domain[J]. Appl. Math. Lett., 2007, 20(9): 959-963.

[56]Bonilla L L, Velarde M G, Singular perturbations approach to the limit cycle and global patterns in a nonlinear diffusion-reaction problem with autocatalysis and saturation law[J]. J. Math. Phys., 1979, 20(12): 2692-2703.

[57]Ruan W H. Asymptotic behavior and positive steady-state solutions of a reaction-diffusion model with autocatalysis and saturation law[J]. Nonlinear Anal., 1993, 21(6): 439-456.

[58] Du Y H. Uniqueness, multiplicity and stability for positive solutions of a pair of reaction-diffusion equations[J]. Proc. Roy. Soc. Edinburgh Sect. A, 1996, 126(4): 777-809.

[59]Peng R, Shi J. P, Wang M X. On stationary pattern of a reaction-diffusion model with autocatalysis and saturation law [J]. Nonlinearity, 2008, 21(7): 1471-1488.

[60]Yi F Q, Liu J X, Wei J J. Spatiotemporal pattern formation and multiple bifurcations in a diffusive bimolecular model[J]. Nonlinear Anal., 2010, 11(5): 3770-3781.

[61] Furter J E, Eilbeck J C. Analysis of bifurcation in reaction-diffusion systems with no flux boundary conditions-The Sel'kov model[J]. Proc. Roy. Soc. Edinburgh Sect. A, 1995, 125(2): 413-438.

[62]Davidson F A, Rynne B P. A priori bounds and global existence of solutions of the steady-state Sel'kov model[J]. Proc. Roy. Soc. Edinburgh Sect. A, 2000, 130(3): 507-516.

[63] Wang M X. Non-constant positive steady states of the Sel'kov model[J]. J. Differential Equations, 2003, 190(2): 600-620.

[64] Lieberman G M. Bounds for the steady-state Sel'kov model for arbitrary p in any number of dimensions[J]. SIAM J. Math. Anal., 2005, 36(5): 1400-1406.

[65] Peng R. Qualitative analysis of steady states to the Sel'kov model[J]. J. Differential Equations, 2007, 241(2): 386-398.

[66]Han W, Bao Z H. Hopf bifurcation analysis of a reaction-diffusion Sel'kov system[J]. J. Math. Anal. Appl., 2009, 356(2): 633-641.

[67]张棣,陈裕融. 低浓度三分子模型[J]. 科学通报, 1982, 27(21): 1281-1284.

[68]陈兰荪,王东达. 一个生物化学反应的振动现象[J]. 数学物理学报, 1985, 5(3): 261-266.

[69]张平光. 一个生物化学反应方程的极限环的唯一性[J]. 高校应用数学学报,1987, 2(2): 164-173.

[70] Forbes L K, Holmes C A. Limit-cycle behaviour in a model chemical reaction: the cubic autocatalator[J]. J. Engrg. Math., 1990, 24(2): 179-189.

[71] Ashkenazi M, Othmer H G. Spatial patterns in coupled biochemical oscillators[J]. J. Math. Biol., 1978, 5(4): 305-350.

[72] McGough J S, Riley K. Pattern formation in the Gray-Scott model[J]. Nonlinear Anal.: Real World Appl., 2004, 5(1): 105-121.

[73] Dähmlow P, Vanag V K, Müller S C. Effect of solvents on the pattern formation in a Belousov-Zhabotinsky reaction embedded into a microemulsion[J]. Phys. Rev. E, 2014, 89(1): 010902.

[74] Kondo S, Miura T. Reaction-diffusion model as a framework for understanding biological pattern formation[J]. Science, 2010, 329 (5999): 1616-1620.

[75] Turing A M. The chemical basis of morphogenesis[J]. Phil. Trans. R. Soc. London Ser. B, 1952, 237(641): 37-72.

[76] Castets V, Dulos E, Boissonade J, De Kepper P. Experimental evidence for a sustained Turing-type nonequilibrium chemical pattern[J]. Phys. Rev. Lett., 1990, 64(24): 2953-2956.

[77] Murray J D. Mathematical Biology[M]. Berlin: Springer, 1989.

[78] Satnoianu R A, Menzinger M, Maini P K. Turing instabilities in general systems[J]. J. Math. Biol., 2000, 41(6): 493-512.

[79] Rovinskii A B. Turing bifurcation and stationary patterns in the ferroin-catalyzed Belousov-Zhabotinskii reaction [J]. J. Phys. Chem., 1987, 91(17): 4606-4613.

[80] Guin L N, Mandal P K. Spatial pattern in a diffusive predator-prey model with sigmoid ratio-dependent functional response[J]. Int. J. Biomath., 2014, 7(05): 1450047.

[81] Guin L N, Mandal P K. Spatiotemporal dynamics of reaction-diffusion models of interacting populations [J]. Appl. Math. Model., 2014, 38(17): 4417-4427.

[82]Guin L N, Mondal B, Chakravarty S. Existence of spatiotemporal patterns in the reaction-diffusion predator-prey model incorporating prey refuge[J]. Int. J. Biomath., 2016, 09(06): 1650085.

[83]Wang J F, Shi J P, Wei J J. Dynamics and pattern formation in a diffusive predator-prey system with strong Allee effect in prey[J]. J. Differential Equations, 2011, 251(4-5): 1276-1304.

[84]Yi F Q, Wei J J, Shi J P. Bifurcation and spatiotemporal patterns in a homogenous diffusive predator-prey system[J]. J. Differential Equations, 2009, 246(5): 1944-1977.

[85]Chen S S, Wei J J, Yu J Z. Stationary patterns of a diffusive predator-prey model with Crowley-Martin functional response[J]. Nonlinear Anal.: Real World Appl., 2018, 39: 33-57.

[86]Peng R, Yi F Q, Zhao X. Spatiotemporal patterns in a reaction-diffusion model with the Degn-Harrison reaction scheme[J]. J. Differential Equations, 2013, 254(6): 2465-2498.

[87]Li S, Wu J, Dong Y. Turing patterns in a reaction-diffusion model with the Degn-Harrison reaction scheme[J]. J. Differential Equations, 2015, 259(5): 1990-2029.

[88]张丽. 几类自催化反应扩散系统的分歧与空间斑图[D]. 西安：西安电子科技大学，2007.

[89]Xu C, Wei J. Hopf bifurcation analysis in a one-dimensional Schnakenberg reaction-diffusion model[J]. Nonlinear Anal.: Real World Appl., 2012,13(4): 1961-1977.

[90]Liu P, Shi J P, Wang Y W, Feng X H. Bifurcation analysis of reaction-diffusion Schnakenberg model[J]. J. Math. Chem., 2013, 51(8): 2001-2019.

[91]Lou Y, Ni W M. Diffusion, self-diffusion and cross-diffusion[J]. J. Differential Equations, 1996, 131(1): 79-131.

[92]Wei M H, Wu J H. Existence analysis of the positive steady-state solutions for a glycolysis model[J]. Acta Math. Sinica (Chin. Ser.), 2011, 54(4): 553-560.

[93]Wei M H, Chang J Y, Qi L, Zhang Q W. Pattern formation of nonconstant steady-state solutions to the n-dimensional glycolysis model[J]. Appl. Math. Mech. (Engl. Ed.), 2014, 35(8): 930-938.

[94]Murray J D. Mathematical Biology. Vol. II[M]. New York: Springer, 2003.

[95]Ni W M, Kanako S, Izumi T. The dynamics of a kinetic activator-inhibitor system[J]. J. Differential Equations, 2006, 229(2): 426-465.

[96]Sun W, Ward M J, Russell R. The slow dynamics of two-spike solutions for the Gray-Scott and Gierer-Meinhardt systems: competition and oscillatory instabilities[J]. SIAM J. Appl. Dyn. Syst., 2006, 4(4): 904-953.

[97]Auchmuty J F G, Nicolis G. Bifurcation analysis of non-linear reaction diffusion equations-I. Evolution equations and the steady state solutions[J]. Bull. Math. Biol., 1975, 37(4): 323-365.

[98]Herschkowitz-Kaufman M. Bifurcation analysis of non-linear reaction-diffusion equations-II. Steady state solutions and comparison with numerical simulations[J]. Bull. Math. Biol., 1975, 37(6): 589-636.

[99]Jang J, Ni W M, Tang M. Global bifurcation and structure of Turing patterns in the 1-D Lengyel-Epstein model[J]. J. Dynam. Differential Equations, 2005, 16(2): 297-320.

[100]Wu J H, Wolkowicz G S K. A system of resource-based growth models with two resources in the unstirred chemostat[J]. J. Differential Equations, 2001, 172(2): 300-332.

[101] Li H X. Asymptotic behavior and multiplicity for a diffusive Leslie-Gower predator-prey system with Crowley-Martin functional response[J]. Comput. Math. Appl., 2014, 68(7): 693-705.

[102] Wang J F, Wei J J, Shi J P. Global bifurcation analysis and pattern formation in homogeneous diffusive predator-prey systems[J]. J. Differential Equations, 2016, 260(4): 3495-3523.

[103] Li H X, Li Y L, Yang W B. Existence and asymptotic behavior of positive solutions for a one-prey and two-competing-predators system with diffusion[J]. Nonlinear Anal.: Real World Appl., 2016, 27: 261-282.

[104] Crandall M, Rabinowitz P. Bifurcation from simple eigenvalues[J]. J. Funct. Anal., 1971, 8(2): 321-340.

[105] Rabinowitz P H. Some global results for nonlinear eigenvalue problems[J]. J. Funct. Anal., 1971, 7(3): 487-513.

[106] Golubitsky M, Schaeffer D. Singularities and Groups in Bifurcation Theory. Vol. I[M]. New York: Springer, 1985.

[107] Shi J P. Bifurcation in infinite dimensional spaces and applications in spatiotemporal biological and chemical models[J]. Front. Math. China, 2009, 4(3): 407-424.

[108] Armbruster D, Dangelmayr G. Coupled stationary bifurcations in non-flux boundary value problems[J]. Math. Proc. Cambridge Philos. Soc., 1987, 101(1): 167-192.

[109] 魏美华,常金勇,马崛. 一类活化基质模型非常数正平衡解的全局结构[J]. 计算机工程与应用, 2014, 50(18): 50-53+78.

[110] Wei M H, Li Y L, Wei X. Stability and bifurcation with singularity for a glycolysis model under no-flux boundary condition[J]. Discrete Contin. Dyn. Syst. Ser. B, 2019, 24(9):

5203-5224.

[111] Yi F Q, Wei J J, Shi J P. Diffusion-driven instability and bifurcation in the Lengyel-Epstein system[J]. Nonlinear Anal.: Real World Appl., 2008, 9(3): 1038-1051.

[112] Du L L, Wang M X. Hopf bifurcation analysis in the 1-D Lengyel-Epstein reaction-diffusion model[J]. J. Math. Anal. Appl., 2010, 366(2): 473-485.

[113] Merdan H, Kayan S. Hopf bifurcations in Lengyel-Epstein reaction-diffusion model with discrete time delay[J]. Nonlinear Dyn., 2015, 79(3): 1757-1770.

[114] Guo G H, Wu J H, Ren X H. Hopf bifurcation in general Brusselator system with diffusion[J]. Appl. Math. Mech. (English Ed.), 2011, 32(9): 1177-1186.

[115] Li Y. Hopf bifurcations in general systems of Brusselator type[J]. Nonlinear Anal.: Real World Appl., 2016, 28: 32-47.

[116] Furter J E, Eilbeck J C. Analysis of bifurcations in reaction-diffusion systems with no-flux boundary conditions: the Sel'kov model[J]. Proc. Roy. Soc. Edinburgh Sect. A, 1995, 125(2): 413-438.

[117] Liu P, Shi J P, Wang Y W, Feng X H. Bifurcation analysis of reaction-diffusion Schnakenberg model[J]. J. Math. Chem., 2013, 51(8): 2001-2019.

[118] Terry A J. Predator-prey models with component Allee effect for predator reproduction[J]. J. Math. Biol., 2015, 71(6-7): 1325-1352.

[119] Wang M X. Stability and Hopf bifurcation for a prey-predator model with prey-stage structure and diffusion[J]. Math. Biosci., 2008, 212(2): 149-160.

[120] Zhang J F, Li W T, Yan X P. Hopf bifurcation and Turing instability in spatial homogeneous and inhomogeneous predator-prey models[J]. Appl. Math. Comput., 2011, 218(5): 1883-1893.

[121] Guo G H, Li B F, Lin X L. Hopf bifurcation in spatially homogeneous and inhomogeneous autocatalysis models[J]. Comput. Math. Appl., 2014, 67(1): 151-163.

[122] Wiggins S. Introduction to Applied Nonlinear Dynamical Systems and Chaos[M]. New York: Springer, 1991.

[123] Hassard B D, Kazarinoff N D, Wan Y H. Theory and Application of Hopf Bifurcation[M]. Cambridge, New York: Cambridge University Press, 1981.

[124] Daisuke F. A stable and conservative finite difference scheme for the Cahn-Hilliard equation[J]. Numer. Math., 2001, 87(4): 675-699.

[125] Ananthakrishnaiah U, Manohar R, Stephenson J W. Fourth-order finite difference methods for three dimensional general linear elliptic problems with variable coefficients[J]. Numer. Methods Partial Differential Equation, 1987, 3(3): 229-240.

[126] Sun Z Z. An unconditionally stable and $O(\tau^2+h^4)$ order L_∞-convergent difference scheme for linear parabolic equations with variable coefficients[J]. Numer. Methods Partial Differential Equation, 2001, 17(6): 619-631.

[127] Furihata D, Matsuo T. A stable, convergent, conservative and linear finite difference scheme for the Cahn-Hilliard equation[J]. Japan J. Indust. Appl. Math., 2003, 20(1): 65-85.

[128] Mohanty R K. An unconditionally stable finite difference formula for a linear second order one space dimensional hyperbolic equation with variable coefficients[J]. Appl. Math. Comput.,

2005, 165(1): 229-236.

[129]Zingg D W. Comparison of high-accuracy finite-difference methods for linear wave propagation[J]. SIAM J. Sci. Comput., 2006, 22(2): 476-502.

[130]Wang J, Luo R. Assessment of linear finite-difference Poisson-Boltzmann solvers[J]. J. Comput. Chem., 2010, 31(8): 1689-1698.

[131]Mkhize T G, Govinder K, Moyo S, Meleshko S V. Linearization criteria for systems of two secondorder stochastic ordinary differential equations[J]. Appl. Math. Comput., 2017, 301: 25-35.

[132]Daisuke F. A stable and conservative finite difference scheme for the Cahn-Hilliard equation[J]. Numer. Math., 2001, 87(4): 675-699.

[133]Qiao Z, Sun Z Z, Zhang Z. The stability and convergence of two linearized finite difference schemes for the nonlinear epitaxial growth model[J]. Numer. Methods Partial Differential Equation, 2012, 28(6): 1893-1915.

[134]Zhang L. Convergence of a conservative difference scheme for a class of Klein-Gordon-Schrödinger equations in one space dimension[J]. Appl. Math. Comput., 2005, 163(1): 343-355.

[135]Pan X, Zhang L. High-order linear compact conservative method for the nonlinear Schrödinger equation coupled with the nonlinear Klein-Gordon equation[J]. Nonlinear. Anal., 2013, 92(1): 108-118.

[136]Wang T, Zhang L, Jiang Y. Convergence of an efficient and compact finite difference scheme for the Klein-Gordon-Zakharov equation[J]. Appl. Math. Comput., 2013, 221(1): 433-443.

[137]Rasulov M, Karaguler T, Sinsoysal B. Finite difference method for solving boundary initial value problem of a system hyperbolic equations in a class of discontinuous functions[J]. Appl. Math. Comput., 2004, 149(1): 47-63.

[138]Verma A K, Kayenat, S. On the convergence of Mickens' type nonstandard finite difference schemes on Lane-Emden type equations[J]. J. Math. Chem., 2018, 56(1): 1-40.

[139]Reichel B, Leble S. On convergence and stability of a numerical scheme of coupled nonlinear Schrödinger equations[J]. Comput. Math. Appl., 2012, 55(4): 745-759.

[140]Thomas J W. Numerical Partial Differential Equations: Finite Difference Methods[M]. New York: Springer, 1995.

[141]Richtmeyer R, Morton K W. Difference Methods for Initial Value Problems[M]. New York: Wiley, 1967.

[142]Chatelin F. Eigenvalues of Matrices[M]. New York: Wiley, 1993.

[143]Golubitsky M, Schaeffer D. A theory for imperfect bifurcation via singularity theory[J]. Comm. Pure Appl. Math., 1979, 32(1): 21-98.

[144]Golubitsky M, Schaeffer D. Imperfect bifurcation in the presence of symmetry[J]. Comm. Math. Phys., 1979, 67(3): 205-232.

[145]Dangelmayr G, Armbruster D. Classification of Z(2)-equivariant imperfect bifurcations with corank two[J]. Proc. London Math. Soc., 1983, 46(3): 517-546.

[146]Wei M H, Wu J H, Guo G . Steady state bifurcations for a glycolysis model in biochemical reaction[J]. Nonlinear Anal.: Real World Appl., 2015, 22:155-175.

[147]Crandall M, Rabinowitz P. Bifurcation, perturbation of simple eigenvalues and linearized stability[J]. Arch. Rational Mech.

Anal., 1973, 52(2): 161-180.

[148]钟承奎,范先令. 非线性泛函分析引论[M]. 兰州: 兰州大学出版社,2004.